奋斗是责任

刘少影◎编著

天津出版传媒集团

天津人民出版社

图书在版编目（CIP）数据

奋斗是责任 / 刘少影编著 . -- 天津：天津人民出
版社，2018.12
　　ISBN 978-7-201-13982-1

　　Ⅰ . ①奋… Ⅱ . ①刘… Ⅲ . ①成功心理—通俗读物
Ⅳ . ① B848.4-49

中国版本图书馆 CIP 数据核字（2018）第 187287 号

奋斗是责任

FEN DOU SHI ZE REN

出　　版	天津人民出版社
出 版 人	黄　沛
地　　址	天津市和平区西康路 35 号康岳大厦
邮政编码	300051
邮购电话	（022）23332469
网　　址	http://www.tjrmcbs.com
电子信箱	tjrmcbs@126.com
责任编辑	刘子伯
印　　刷	三河市恒升印装有限公司
经　　销	新华书店
开　　本	710×1000　　1/16
印　　张	16
字　　数	200 千字
版次印次	2018 年 12 月第 1 版　2019 年 1 月第 1 次印刷
定　　价	39.80 元

目　录
Contents

第1章　责任永远是人生的第一选择

第2章　勤奋是责任意识的体现

第3章 梦想是行动的推动力

第4章 为将来的卓越做准备

第5章 行动才是真正的努力

第6章　打开自己人生的局面

第7章　生命中最艰难的洗礼

第8章　强大，从心灵开始

第9章　用创新实现梦想

第1章

责任永远是人生的第一选择

责任是一种与生俱来的使命

责任一词对于我们大家来说其实并不陌生，从儿童到成人，从平常的普通百姓到身居高位的各级领导，不同的人承担着不同的责任。责任与每个人的生活都是密切相关的。我们平时所说的社会责任、民族责任、家庭责任、环保责任等，就是责任的不同表现形式。

那么究竟什么才是责任？《现代汉语词典》是这样定义责任的：分内应做的事。寥寥数字，大有乾坤："分"是自己的角色和岗位，"内"表示界限和范围，"应"即理所当然、责无旁贷，"做"就是要尽心尽力去完成，"事"就是自己的工作和职责。

人在自己的哭声中来，在别人的哭声中去，跨越生死之间的这一段就是人生。从出生来到这个世界开始，我们在享受人生乐趣的同时，也在承担人生各阶段不同的责任。父母含辛茹苦地抚养新生命——抚养孩子是父母的责任，军队出生入死保家卫国——保家卫国是军人的责任，企业家依法经营照章纳税——照章纳税是企业家的责任，员工要完成自己的工作任务——完成工作是员工的责任……

显而易见，在我们的人生经历中，个人的社会角色不同，其所对应的责任也随之改变。每一个角色都意味着一种责任，这就是人生。人生就是角色，角色就是责任，责任就是价值。人在同一个时间可能需要充当几个不同的角色，只有完成了这个角色的责任才能体现自己的价值，否则就没有任何价值可言！爱默生说："责任具有至高无上的价值，它是一种伟大的品格，在所有价值中它处于最高的位置。"

责任，从本质上说，是一种与生俱来的使命，它伴随着每一个生命的始终。事实上，只有那些勇于承担责任的人，才有可能获取更多的成功，才有资格获得更大的荣誉。一个缺乏责任感的人，或者一个不负责任的人，首先失去的是社会对自己的基本认可，其次失去了别人对自己的信任与尊重，最后失去了自身的立命之本——信誉和尊严。

意大利哲学家马志尼说过这样的话：我们必须找到一项比任何理论都优越的教育原则，用它指导人们向美好的方向发展，教育他们树立坚贞不渝的自我牺牲精神……这个原则就是责任，这种责任是人们终生的责任。

20世纪初在美国有一位意大利移民，他叫弗兰克，经过艰辛的努力终于开办了属于自己的一家小银行。但天有不测风云，银行遭抢劫，他破了产，储户失去了存款。当弗兰克带着自己的妻子和四个儿女从头开始的时候，他决定偿还那笔天文数字般的存款。所有的人都劝他："你为什么要这样做呢？这件事你是没有责任的。"他回答："是的，在法律上也许我没有责任，但在道义上，我有责任，我应该还钱。"

偿还的代价是三十多年的艰苦生活，还清最后一笔债务时，他轻叹道："现在我终于无债一身轻了。"他用一生的辛酸和汗水完成了他的责任，而给世界留下了一笔真正的财富。

有时候，责任并不是一个甜美的字眼，它仅有的是岩石般的冷峻。责任要求你时时付出一切去呵护，而它给予你的，往往只是灵魂与肉体上感到的痛苦，这样的一个十字架，我们为什么要背负呢？因为它最终带给你的是人类的珍宝——人生价值体现于此。

责任让人坚强，责任让人勇敢，责任也让人知道关怀和理解。无论你所做的是什么样的工作，只要你能认真地、勇敢地担负起责任，你所做的就是有价值的，你就会获得尊重和敬意。有的责任担当起来很难，有的却很容易，无论难还是易，不在于工作的类别，而在于做事的人。

美丽寂寥的可可西里安睡在宁静中。突然，枪声打破宁静，保护站的巡山队员被盗猎者残杀，鲜血染红戈壁，又一批藏羚羊群惨遭屠戮……

一定要抓到盗猎者！巡山队长日泰下了死命令，巡山队连夜紧急出发，闯进了正在流血的可可西里。但是盗猎者如同鬼魅般消失在稀薄的空气中，留下的只是成百上千具被剥去皮毛的藏羚羊尸骨！

巡山队员在遍布危险的茫茫大戈壁上奋力追踪，终于，盗猎者出现在冰河对岸，队员们不顾一切地冲入湍急的冰河之中。一场生死搏斗之后，只捕获了其中几个盗猎分子。

风雪中，继续追赶盗猎分子的巡山队员已濒临绝境：车辆抛锚，汽油耗尽，食品短缺，大雪封山，巡山队员不断地倒在冷枪之下……

这是影片《可可西里》所描述的情景。没有物质激励，没有丰厚回报，巡山队员们用生命诠释了责任的含义。我们知道，生命是可贵的，但是我们更应知道，任何时刻，责任价更高！

清醒地意识到自己的责任，并勇敢地扛起它，无论对于自己还是对于社会都将是问心无愧的。人可以不伟大，人也可以清贫，但不可以没有责任。任何时候，我们都不能放弃肩上的责任，扛着它，就是扛着自己生命的信念。

我们的家庭需要责任，因为责任让家庭充满爱。我们的社会需要责任，因为责任能够让社会平安、稳健地发展。我们的企业需要责任，因为责任让企业更有凝聚力、战斗力和竞争力。

我们每一个人都在生活中饰演不同的角色。无论一个人担任何种职务，做什么样的工作，他都对其他人负有责任，这是社会法则，这是道德法则，这还是心灵法则。正是责任，让我们在困难时能够坚持，让我们在成功时保持冷静，让我们在绝望时不放弃，因为我们的努力和坚持不仅仅是为了自己，还为了别人。

人生中只有一种追求，一种至高无上的追求——就是对责任的追求。

责任无法逃避，勇敢承担责任

蜜蜂的天职是采花造蜜，猫的天职是抓捕老鼠，蜘蛛的天职是张网捕虫，而狗的天职就是忠诚地服务主人，造物主对每个物种都有职责上的安排。人，作为万物的灵长、天地的精英，同样具有与生俱来的责任。人来到世上，并不是为了享受，而是为了完成自己的使命。

每一个人从出生那一天起，就拥有了作为社会和国家的一员应当拥有的权利，他不需要什么前提条件。但同时，我们不能忽视的是，权利因为责任而存在，在上天赋予我们权利的同时，也赋予了我们相应的责任，这也是不需要什么前提条件的。只有在履行责任的前提下，才能充分享受权利。承担责任是人的天职。

只要你是社会上的一个个体，你就有着无法逃避的责任——对配偶的、父母的、儿女的、朋友的、社会的、工作的责任。总之，我们从有认知开始的那一天，就同时拥有了责任。我们生活在一个由责任构建的社会中，亲情缔造的责任让我们幸福，友情链接的责任让我们感动，爱情构筑的责任让我们忠诚。所以我们不能推卸责任，推卸责任就意味着伤害了我们的至亲至爱。

有这样一个真实的故事：

一对年轻的父母带着他们可爱的孩子去游玩，风景很美丽，他们也非常开心，一切都是美好的。然而他们不知道，灾难正在一步一步逼近。

为了欣赏更美好的风光，他们一家一起坐上观光的高空缆车。正当他们为美不胜收的美景而陶醉的时候，忽然缆车从高空坠落。

灾难突然降临，大家认为没有人会生还，因为缆车离地面的距离太高了。然而，营救人员却带来了唯一的幸存者，一个两三岁的小孩。

一位营救人员说，缆车坠落时，是他的父母将他托起，他的父母用自己的身躯阻挡了缆车坠落时致命的撞击，孩子因此得救了。

所有在场的人无不为之肃然，他们不只是感动，而且深受震撼。这就是父母，在生命的最后一刻，仍旧没忘记保护孩子的责任，在危难的瞬间，用自己的双肩托起了孩子的生命。

这就是责任，这是对责任的最好阐释。因此，责任也是一种使命，是人生最根本的义务。责任能让一个人充满信念地生活，能让家庭充满爱，能让社会平安、稳健地发展。守住责任，就守住了生命最高的价值，守住了人性的伟大和光辉。

责任是人生最根本的义务和使命，是我们实现个人价值和人生理想的前提。效仿伟人践行责任的精神，把使命感和责任心融入日常的工作和生活中，你的事业和人生必将因此而变得更加辉煌和壮阔。责任不仅仅是承担应尽的义务，同时还要对自己行为引发的后果负责承担责任。

1920 年的一天，美国一位 12 岁的小男孩正与他的伙伴们踢足球，一不小心，小男孩将足球踢到了邻近一户人家的窗户上，一块窗玻璃被击碎了。邻居向他索赔 12.5 美元，这在当时并不是一个小数目。

回到家，闯了祸的小男孩怯生生地将事情的经过告诉了父亲。过了很长时间，父亲才冷冰冰地说道："家里虽然有钱，但是你闯的祸，就应该由你自己对过失行为负责。"停了一下，父亲还是掏出了钱，严肃地对小男孩说："这些钱我暂时借给你，不过，你必须想法还给我。"小男孩从父亲手中接过钱，飞快跑过去赔给了邻居。

从此，小男孩一边刻苦读书，一边用空闲时间打工挣钱还父亲。由于他人小，不能干重活，他就到餐馆帮别人洗盘子刷碗，有时还捡捡破烂。经过几个月的努力，他终于挣到了 12.5 美元，并自豪地交给了他的父亲。父亲欣然拍着他的肩膀说："一个能为自己的过失行为负责的人，将来一定是会有出息的。"

许多年以后，这位男孩成了美利坚合众国的总统，他就是里根。后来，里根在回忆往事时，深有感触地说，那一次闯祸之后，他懂得了做人的责任。

无论做人还是做事，都要承担责任，责任是上天赋予的使命。责任无法逃避，我们只有勇敢地承担责任。用一颗虔诚的心来履行自己的责任，你就会发现人生的多姿多彩。

责任是一种重要的人生态度，同时也是一种可贵的职业精神，无论在什么地方，无论做什么事情，那些能够重视责任和使命、坚守自己职责的人，都将赢得别人的尊重，都能让自己闪现出不平凡的光辉。

佛罗伦萨·南丁格尔是英国护理学先驱、妇女护士职业创始人和现代护理教育的奠基人，被誉为"护理学之母"。

在 1854 至 1856 年的克里米亚战争中，她带着护士小分队来到战场为双方伤员服务。战争非常惨烈，常常是几个小时之间，就运来了成百上千的伤员。南丁格尔需要在这个痛苦嘈杂的环境中把事情安排得井井有条，有时她需要连续站立二十多个小时。

"我曾经和她一起做过很多非常重大的手术，她可以在做事的过程中把事情做到非常准确的程度……"一位和她一起工作过的外科医生说，"特别是救护一个垂死的重伤员，我们常常可以看见她穿着制服出现在那个伤员面前，俯下身子凝视着他，用尽她全部的力量，使用各种方法来减轻他的疼痛。"

一个伤员说："她和一个又一个的伤员说话，向更多的伤员点头微笑，我们每个人都可以看着她落在地面上的那亲切的影子，然后满意地将自己的脑袋放回到枕头上安睡。"

另外一个士兵说："在她到来之前，那里总是乱糟糟的，但在她来过之后，那里圣洁得如同一座教堂。"

正是在对她所热爱的护理工作的强烈责任感的驱使下，在短短 3 个月的时间内，南丁格尔使伤员的死亡率从 42% 迅速下降到 2%，创造了当时的奇迹。

南丁格尔不推卸自己分内的责任，以虔诚的态度去完成自己的使命，责任感使她成为人们所敬仰的光辉女性。南丁格尔的故事告诉我们，一个人来到世上并不是为了享受，而是必须完成自己的使命——责任。

责任其实就是做好社会赋予你的任何有意义的事情。从人生大义上来讲，责任是我们完善和成就自己的一双翅膀。我们不能逃避责任，逃避责任就意味着我们失去了实现自己价值的机会。一个人只有具备了勇于负责的精神，才会产生改变一切的力量。

责任铸就大爱

人人都是社会人，社会责任责无旁贷。工人做好工，农民种好田，医生治病救人，教师教好学生，为官一任则要造福一方；在父母面前，我们做好儿女；在儿女面前，我们做好父母；做好丈夫好妻子好邻居好朋友好亲戚，不同的角色里，尽到自己的不同责任……社会分工不同，大家各司其职，社会才能秩序井然；人人都有责任心，社会就会变成人间乐园。所以，责任无论是对社会、对国家、对企业，还是对自己，任何时候都不可或缺，责任无处不在。

这个世界上的所有的人都是相依为命的，所有人共同努力，郑重地担当起自己的责任，才会有生活的宁静和美好。任何一个人懈怠了自己的责任，都会给别人带来不便和麻烦，甚至是对生命的威胁。

河北三鹿集团婴幼儿奶粉事件，就是一个典型的案例。

据中国青年报报道，正定县耿氏兄弟因屡次交奶检验不合格被拒收，造成一定的经济损失，后得知向牛奶中掺加化工原料三聚氰胺，可提高蛋白质检测指标。于是耿氏兄弟自 2007 年底开始，从行唐县一化工商店购进三聚氰胺，勾兑后掺入销往三鹿集团的牛奶中。以后每天生产、销售这种掺加三聚氰胺的牛奶约 3 吨。耿某接受警方讯问时供认，他本人清楚"三鹿集团要的是纯的鲜牛奶，不能掺任何东西，而且这些牛奶就是要加工给人吃的，化工原料不是人吃的东西"。当被警方问及是否知道这种行为的后果时，耿某说："没问过，也没想过，只知道对人体无益。"耿某同时承认，他本人和家人从不食用这种掺加了三聚氰胺的牛奶。

实验表明，三聚氰胺主要影响人体泌尿系统，可能导致泌尿系统结石，很多婴幼儿食用了含有三聚氰胺的三鹿奶粉而得了肾结石。据新华网报道，三鹿集团从 2008 年 3 月份开始就陆续接到一些患者泌尿系统结石病的投诉，却未能引起重视，只是千方百计敷衍，为应付产能紧缺的现状，竟将含有三聚氰胺的奶粉以更大批量投入市场。

三鹿奶粉事件震惊世界，中国 30 万婴幼儿的健康受到损害，中国奶制品行业的发展受到不可估量的损失。其实，无论是耿氏兄弟还是三鹿企业，他们忘了还有一件比钱更重要的东西，就是责任。任何一个企业或个人的首要任务是承担社会责任，其次才是赚钱赢利。谁违反了这个原则，谁就可能被市场被社会所淘汰。你生活在这个世界上，就得对这个世界承担责任。作为一个企业生产者，不掺杂，不使假，不违章，不留隐患，就是责任。

然而在当今社会里，人们急功近利，责任受到前所未有的挑战，责任缺失的现象屡见不鲜：花季少年弃学而吸毒，矿难接连不断，假劣食品充斥市场，环境污染触目惊心。前者是个人责任的缺失，后者是社会责任的缺失。难怪清华大学校长顾秉林在给 2005 年毕业生的赠言就是沉甸甸的两个字："责任"。

2008 年 5 月 12 日的大地震成为中国人心中永远的痛。在这场天灾中，彭州市公安局政工监督室女民警蒋敏被民间称为"最坚强警花"。

在 5 月 13 日凌晨 6 时许，蒋敏的手机响了，是北川的舅舅打来的。蒋敏刚接到电话，顿时泪如雨下，她的爷爷、奶奶、母亲、女儿全部遇难……除了舅舅，蒋敏在北川的全家 10 口人已经确认死亡……

早晨，天空下着雨，悲情笼罩整座城市。民警们再次集结，上街巡逻。大家开始依次报数，谁也没有听出喊出响亮"43"的蒋敏有何异样。

面对如此灾难，为什么不回家看看？"道路不通，通讯不通，我回去也没有用，还不如在这里做些事，帮帮和家人一样的灾民。"遭受重创的蒋敏，以平淡的心态说出了自己的心里话。

天彭中学安置了 4000 多名来自龙门山、九峰山的灾民，一整天，蒋敏都在这里维持秩序，帮助送水、送物资，傍晚，又和几位同事为刚到的灾民搭帐篷。

5 月 16 日凌晨，因为连日的劳累和悲伤，蒋敏晕倒。在医生的坚持下，蒋敏被送进医院输液。5 月 17 日，蒋敏坚持出院，她的同事试图将蒋敏带回家休息，但蒋敏无论如何都不愿意回家。最后，蒋敏坚持要求再次回到天彭中学安置点，继续为灾民服务。

在失去亲人的极大悲恸中，蒋敏能够坚持在自己的工作岗位上，是因为灾区还有更多的人需要她的帮助与救援。对素昧平生的灾区人民给予力所能及的帮助，这是一种可贵的社会责任，这种责任铸就了"爱之城"。全国人民有钱的出钱，有力的出力，截至 2009 年 2 月 12 日，海内外社会各界向灾区捐赠款物共计约 417 亿元，"我们都是四川人"使得每一位中国人都深受感动。

责任能够战胜困难。无论是三鹿奶粉事件还是汶川大地震，都在向人们昭示：责任缺失将会引起灾难，承担责任将会铸就大爱！社会呼唤责任，唯有每个人坚守自己的责任，付出自己的责任，社会才会变成和谐与美好的人间。

社会学家戴维斯说："放弃了自己对社会的责任，就意味着放弃了自身在这个社会中更好的生存机会。"对于个人而言，社会呼唤责任就要求人们将责任深植于自己的行动中。一个人只有具备强烈的责任感，对自己的人生和生活时刻抱着负责的态度，才能更坦然和无愧地面对自己的内心。

责任是生存的基础

　　"物竞天择，适者生存"，优胜劣汰是自然法则。在人类社会中，那些没有责任心的人首先会遭到淘汰的命运。放弃承担责任，或者蔑视自身的责任，这就等于在可以自由通行的路上自设路障，摔跤绊倒的也只能是自己。为什么我们一定要承担责任？答案其实很简单，为了更好地生存，因为，责任是生存的基础。

　　责任是永恒的生存法则。无论是自然界还是人类社会，如果失去了责任，就失去了赖以生存的基础。

　　有这样一个故事：

　　一对老夫妇省吃俭用地将四个孩子抚养长大，在他们结婚 50 周年之际，为了报答养育之恩，四个孩子决定送给父母最豪华的爱之船旅游航程，好让老两口尽情感受大海的风情。

　　老夫妇带着头等舱的船票登上豪华游轮，可以容纳数千人的大船令他们赞叹不已。而船上还有游泳池、豪华夜总会、电影院、赌场、浴室等，真令他们目不暇接、惊喜无限。唯一美中不足的是，各项豪华设备的费用都十分昂贵，节省的老夫妇盘算自己不多的旅费，实在舍不得轻易去消费。他们只得在头等舱中安享五星级的套房设备，或流连在甲板上，欣赏海面的风光。幸而他们随身带有方便面，既然吃不起船上豪华的精致餐饮，只好以泡面充饥，如想变换口味，便到船上的商店买些西点面包之类。

　　临近航程的最后一天，丈夫想想，回到家后，若亲友邻居问起船上餐饮如何，

13

而自己竟答不上来，也是说不过去的。和太太商量后，他索性狠下心来，决定在晚餐时间到船上的餐厅去用餐，反正也是最后一顿，挥霍一次又何妨。

在举杯畅饮的笑声中，用餐时间已近尾声，丈夫招来侍者结账。侍者很有礼貌地问："能不能让我看一看您的船票？"

丈夫生气地说："我又不是偷渡上船的，吃顿饭还得看船票？"然后他不情愿地将船票扔到桌子上。

侍者接过船票，拿出笔来，在船票背面的许多空格中，划去一格。同时惊讶地问："老先生，您上船以后，从未消费过吗？"

老先生更是生气，"我消不消费，关你什么事？"

侍者耐心地解释："这是头等舱的船票，航程中船上所有的消费项目，包括餐饮、夜总会以及赌场的筹码，都已经包括在船票的售价内，您每次消费，只需出示船票，由我们在背后空格注销即可。老先生您——"

老夫妇想起航程中每天所吃的泡面，而明天即将下船，不禁相对默然。

在你出生的那一刻，上天已经将最好的头等舱船票交给了你，这张船票就是你的责任感。你可以在物质上、心灵上享有最豪华的礼遇，只要你愿意出示你的船票。

无论我们在哪个年龄阶段，我们从事任何工作，责任是我们生存的基础。所有的人都肩负着自身的责任，必须带着责任心去努力：学生要努力学习，员工要努力工作，官员要努力为人民办实事。只要尽心尽责，相信你一定能把自己的事情做到最好。

责任就是对自己所负使命的忠诚和信守，责任就是出色地完成自己的工作，责任就是忘我的坚守，责任就是人性的升华。

大连市公共汽车联营公司702路422号双层巴士司机黄志全，在行车的途中突然心脏病发作。在生命的最后一分钟，他做了三件事：

第一件事：把车缓缓地停在路边，并用最后的力气拉起手刹。

第二件事：用尽全身力气把车门打开，让乘客可以安全地下车。

第三件事：将发动机熄火，确保了车和乘客的安全。

他做完这三件事后，趴在方向盘上停止了呼吸。

即使在生命垂危时，黄志全仍不忘自己的责任，不忘对乘客所担负的责任。黄志全只是一名平凡的公共汽车司机。他在生命的最后一分钟里所做的一切并不惊天动地，但却是有责任心、有使命感的人的榜样与骄傲。

每个人都有一份属于自己的责任，都应该做好分内的事。刘翔的责任是"亚洲有我，中国有我"的呐喊，丛飞的责任是"用舞台构筑课堂，用歌声点亮希望"的勇气，洪战辉的责任是"在贫困中求学，在艰辛中自强"的意志……他们为什么感动中国，就是因为他们有着一颗强烈的责任心，尽自己所能地完成他们该做的和想要做的事情。同时，我们要为这份责任心付出努力。

怀着一颗强烈的责任心，坚守自己的岗位，并为之付出努力，是每个人生存的基础，也是每个人应尽的义务。"没有做不好的事情，只有不负责任的人"，让责任感深植于心中，带着责任心去努力奋斗。责任心的确立是一个人生存立世难能可贵的品质。强烈的责任感，会成就一个人。一旦放弃了做人的责任，无所事事、不学无术，乃至寡廉鲜耻、无恶不作，是很可怕的。

以负责的态度来对待你生活中的每一件事，并把它当成使命，你就能发掘出自己特有的能力，即使是烦闷、枯燥的工作，你也能从中感受到价值，在完成使命的同时，你的人生也会大放光彩。

用责任浇灌成功

郭沫若说过："本位主义不可有，本位责任感不可无。"人生一世，是为履行一份责任来的，无论是男是女是老是少是弱是强，都有属于自己的一份责任。一个人的能力有大有小，水平有高有低，哪怕他天资并不过人，哪怕他技艺并不精湛，但是只要他具备了高度的事业心、责任感，就会迸发出超凡脱俗的勇气和力量，从而全方位地挖掘自己的潜能，使他的才智达到极致，有时会做出令他人令自己都不敢相信的成绩。

责任是成就人生的基石，是完善自我、成就自我的翅膀。阿尔伯特·哈伯德曾经说过："所有成功者的标志都是他们对自己所说的和所做的一切负全部责任。"翻阅历史，那些事业有成的人士，无不具有勇于负责的品质。

在中国近代商业史上，荣氏家族占有显赫地位，荣氏企业的创始人荣宗敬和荣德生自小目睹国家的破败，立志将"实业救国"作为兄弟二人的责任。

由于家境贫寒，荣宗敬在14岁时就不得不离开学堂，到上海南市区一家铁锚厂当起了学徒。三年后，15岁的荣德生乘着小木船从闭塞的无锡郊区摇进了喧闹的大上海。

在兄长的引荐下，荣德生进入上海通顺钱庄做学徒，此时的荣宗敬则在另一家钱庄做学徒。这为几年后他们和父亲一起在上海鸿升码头开一个名叫广生的钱庄打下了业务基础。经营上的稳妥再加上从不投机倒把，两年不到，荣氏兄弟便掘得了有生以来的第一桶金。

就在生意蒸蒸日上之时，荣德生南下广东，留下荣宗敬一人打理钱庄。荣德生在广州待了整整一年，广东人思想活跃，敢于开拓，善于经营，这些都使荣德生大受启发。他发现，从外国进口物资中，面粉的量是最大的，尤其在兵荒马乱的年代，销路非常好，而国内面粉厂却只有天津贻来牟、芜湖益新、上海阜丰以及英商在上海经营的增裕四家。

荣德生看出了面粉行业的商机，当他把这一想法告诉荣宗敬时，兄弟俩一拍即合。20世纪的第一个年头，荣氏家族事业迈出了决定性的一步。

从1914年至1922年8年间，荣家的面粉产业发展迅速，其产量占到当时全国面粉总产量的29%。这种高速度不仅在中国绝无仅有，在世界产业史上也非常罕见。到抗战前，荣家的面粉厂已飙升到14家，另外还衍生出了9家纺织厂。

荣宗敬和荣德生兄弟创办的企业是中国民族企业的前驱，为中国工商业的发展做出了巨大贡献。荣氏兄弟将"实业救国"视为己任，这种崇高的责任感驱使他们在旧中国为中国民族企业的发展赢得了一席之地。

要想事业有成，就要像荣氏兄弟那样，树立责任意识。只有担当充分的责任，才能取得优异的成绩。勇于负责，会让你的人格变得高尚，赢得人们的赏识，使你向未来的成功和辉煌积极地迈进。

当然，一个人承担的责任越大，付出得就越多，这也是很多人不愿承担重任的原因。还有人不相信自己的能力，怕承担不了重任而陷入麻烦之中。其实，每个人身上都有巨大的潜能没有发挥出来。美国学者詹姆斯认为，普通人只发挥了他蕴藏的潜力的1/10，与应当取得的成就相比，只不过发挥了一小部分能量，只利用了身心资源的很小一部分。一旦你决定承担起责任，并且努力做好工作，一些你担心无法完成的事情，往往能够圆满地完成。

李为明只有30多岁，在一家房地产公司任部门主管，多年来从事这一工作，让他在自己的工作岗位上游刃有余，工作起来得心应手。

一天，主管人力资源的副总把他找去谈话。原来有一位部门经理突然辞职，留下很多需要紧急处理的工作。副总已经和其他两位部门经理谈过此事，要求他们暂时接管那个部门的工作，但是他们都以手头上工作很忙为由委婉推辞掉了。副总问李为明能否暂时接管这一工作。实际上，李为明也很为难，因为他拿不准能否同时处理好两份繁重的工作。他仔细考虑了一段时间，同意接管那个部门的工作，并保证尽最大努力来完成工作。

接管后的第一天，李为明忙得不可开交。下班后他冷静下来，认真思考自己在新的情况下怎样在同一时间里完成两份工作。他很快就制定出了方案，第二天就采取了行动。比如，他与秘书约定，把下属汇报工作集中安排在某一个时间；把所有的拜访活动都安排在某一个时间；除非紧急而重要的电话，一般的电话都集中安排在某一个时间回复；将一般会议由30分钟缩短为10分钟。这样，他的工作效率就有了很明显的提高，两个部门的工作都处理得很好。

两个月后，公司决定把两个部门合并为一个部门，全部由李为明负责，并且给他大幅度加薪。

责任感可以激发我们的潜能，让我们创造出超乎想象的业绩。责任感可以激励我们战胜困难，取得成功。一个对自己前途负责的人应该经常自问："我还能承担什么责任？"而不是因循守旧地重复着毫无挑战性的工作。在责任面前，放弃责任就是放弃了成功。

美国总统肯尼迪曾在他的就职演说中说："不要问美国给了你们什么，要问你们为美国做了什么。"这句话曾激励了一代又一代美国青年积极主动地为自己的行为和现在所处的糟糕情况负责。负责精神是改变一切的力量。如果你的职业陷入困境，事业步入低谷，不要抱怨和不满，要先问问自己是不是承担了应负的责任。

一个人承担了更多更大的责任，他获得的成功也就越大。所以，当责任来临时，我们不应有所畏惧，而是应该勇敢地去承担责任，拥抱责任，也就是拥抱成功！

负起完全的责任

丘吉尔有一句名言："伟大的代价就是责任。"世界上很多伟人们，他们在拥有崇高地位的同时，也担负着常人无法担负的责任。责任是我们每个人必须承担和无法逃避的，因为承担责任使我们的人生变得有意义和有价值，逃避责任的人生是苍白且乏味的。

尽管在我们承担责任的过程中，不可避免地也要承担起压力和面对各种困难，但一个真正能够承担起责任的人，是会勇敢地面对这些的。责任赋予我们走出逆境的勇气和决心，做自己的主人。

有一个人，在他还是孩子的时候，一不小心打破了家中的一个花瓶，当时大人很袒护他，并对他说："孩子，这没有什么关系，你的年龄还小。"

当这个孩子上学的时候，没有按时做完老师布置的作业，家长又包庇他说："孩子，不要紧。"

当这个人参加了工作后，在车间里给工友们发工资，把工资算错了，当时领导又是很照顾他，对他说："小伙子年纪轻轻的，犯一点错误是可以原谅的。"

在他当上一个单位的领导后，被查出有贪污公款的情况，有人又很同情地说："他已是一个老头子了，贪污一点钱也是难免的。"于是，这个人只是被革职了事。

后来这个人进入了养老院，一不小心又打破了放在桌子上的一个花瓶，护理人员也是很袒护他，说："算了，这个老人有病。"

这虽然是一个杜撰的故事，却生动地向我们揭示了这样一个道理：责任是一个人人格的基石，一个人想要在社会上立足，就应当把责任融入自己的生活态度，无论在工作上，还是在生活上，都要提醒自己要做一个负责任的人。

在责任面前，我们唯一的选择就是负起完全的责任。推卸责任、逃避责任只是懦夫的行为，勇于负起完全责任的企业和个人是值得所有人景仰的。

武汉市鄱阳街有一座建于1917年的6层楼房，名为"景明大楼"。该楼的设计者是英国的一家建筑设计事务所。20世纪末，"景明大楼"在漫漫岁月中度过了80个春秋后的某一天，它的设计者远隔万里，给这一大楼的业主寄来一份函件。函件告知：景明大楼为本事务所在1917年所设计，设计年限为80年，现已超期服役，敬请业主注意。

80年前盖的楼房，不要说设计者，连当年施工的人，也不会有一个在世了吧？竟然还有人为它的安危操心。操这份心的，竟然是它的最初设计者，一个异国的建筑设计事务所。景明大楼的设计事务所不远万里发函告知中国的业主，只是在履行它对景明大楼最后的责任，这样的负责之举实在令人钦佩。其实，这样的行为也应该是所有企业和个人学习的榜样，只有对自己的职责负起完全的责任，我们才能尽心尽力去做好我们所要做的一切工作。

对于我们个人而言，负起完全的责任就是要在自己的本职岗位上认真工作，对产品负责，对组织负责，对客户负责，对社会负责。只有担负完全的责任，我们才能在努力的过程中将事情做到更好。

郭金生是同仁堂的一名普通的质检员。1992年他刚来到同仁堂时，被分配在药材细料库房工作，由于所学专业不对口，他对药品养护、鉴别知识一无所知，光几百种中药名称已经让他眼花缭乱。看着师傅们娴熟的技能，郭金生感到必须学药、懂药、认药，尽快掌握中药知识，才能胜任本职工作。于是，他每天早来晚走，勤学苦练，认真求教。那时他把所有的业余时间都用在了学习和认药上，看书做笔记，对照图谱，死记硬背，逐步掌握了几百种常用饮片、药材的传统鉴别方法。后来，在领导推荐下，郭金生参加了同仁堂主办的北京市第八届工业系统技术工人比赛暨中药技能大赛，取得了第三名，晋升为高级工，并荣获北京市高级技术能手称号。

随着技术的逐渐成熟，领导上把郭金生从库房抽调到质量部，负责验收工作。2003 年，"非典"疫情在北京蔓延期间，药材公司承担了"非典"用药任务。在防"非典"八味方推出后，京城出现了抢购风潮，药品供不应求。当时，药材的供应价格每天看涨，质量却参差不齐，鱼目混珠的现象不时发生。同仁堂把人民用药安全当成政治任务来完成，严格购进质量，不能让一斤伪劣药品入库。那些天，郭金生放弃了所有休息日，哪里有验收任务，就往哪里去，经常加班连夜工作，逐次逐批验收饮片 180000 余公斤，拒收伪劣饮片5000 余公斤，在有关部门的检查中没有一种不合格饮片从单位发出，维护了同仁堂的信誉。

郭金生在责任面前，勇于承担，这使不仅成长为一名优秀的员工，还成为同事们的学习榜样，影响着同仁堂的上上下下。对于企业而言，郭金生这样的员工如同带领大家共同进步的领头雁。

一个人只有具备强烈的责任感，对自己的生活和工作时刻抱着负责任的态度，他才能更坦然和无愧地面对自己的内心。

有人这样说过："我们宁可轰轰烈烈地死掉，也不能猥猥琐琐地活着。如果因为负责而死掉，死而无憾！至少，负责任死了比不负责任死了光荣得多。这就是我们的'终极思考'。"我们不禁为这样的言行喝彩，对自己的责任完全负责，不仅仅是一种积极的人生态度，更会让你得到丰厚的回报。

如果你能够让完全负责贯穿你做事的始终，把自己经手的每一份事情都做到尽善尽美，相信很快你就会到达成功的巅峰。

任何工作都是适应社会的需求而产生的，工作的存在是依附于社会的。工作的发展程度最终也取决于社会的发展，只有顺应了社会的需求，个人的工作才能取得长足的进步。至关重要的是，认真做好社会赋予我们的工作，竭尽全力做好本职，把敬业作为一种使命，我们才能最终享有社会发展的累积。

在现实生活中，只知道抱怨的人实在太多了。他们很少要求自己，总是期待别人改变，或是等待别人的善意。这些人经常忘了自己应负的责任，也经常遗忘人生的目的。事实上，没有人能真正地支配别人，但是，每个人都有能力支配自己。与其抱怨现状，不如自己改变这一切。我们真正有能力去做的，不是等待别人能为我们付出什么，而是我们靠自己的双手，毫无遗漏地掌握一些事情。期待别人的帮助，不如做自己的靠山，发挥自身最大的潜能，因为，那才是你美梦成真的可靠保障。

朱熹说："敬业者，专心致志以事其业也。"对待事业，我们要有愚公移山的意志，有老黄牛吃苦耐劳的精神，着眼于大局，立足于小事，在对事业的执着追求中享受工作带来的愉悦和乐趣。

第2章

勤奋是责任意识的体现

尊重你的工作就是尊重自己

尊重你所从事的工作就是尊重自己，这是一个最基本的工作态度问题。

我们每个人在什么样的工作环境中才能发挥自己的最大才华？

首先，这个公司应该拥有一个和谐而平等的工作环境，这个环境并不是每个员工的办公室都要一模一样，而是每个人都要拥有一个平行的可以发挥才华的空间。

在 IBM 公司，所有人都是同等重要的，任何人都得到同样的尊重，无论你身处何等职位，无论你是新人还是三朝元老，IBM 都会一视同仁。因为在IBM，最重要的并不是金钱或是其他什么东西，而是人。

IBM 的所有员工都知道，IBM 的准则是"必须尊重个人"。他们进入公司之初就会感到别人对待他们的态度是基于尊重的基础之上，只要他们一有问题，别人再忙也会来帮助他们。他们也看到，公司人员是怎样对待顾客的，也亲耳听到顾客对市场代表、系统工程师及服务人员的赞美。

以人为本，尊重自己和每一个人，这样人们才能意识到工作对个人意味着什么。而实际上，尊重自己所从事的工作就是尊重自己，这是一个最基本的工作态度问题。

著名的公司管理顾问威迪·斯太尔在为《华盛顿邮报》撰写的专栏中曾经说道："每个人都被赋予了工作的权利，一个人对待工作的态度决定了这个人对待生命的态度，工作是人的天职，是人类共同拥有和崇尚的一种精神。当我们把工作当成一项使命时，就能从中学到更多的知识，积累更多的经验，就能从全身心投入工作的过程中找到快乐，实现人生的价值。这种工作态度或许不会有立竿见影的效果，但可以肯定的是，当'轻视工作'成为一种习惯时，其结果可想而知。工作上的日渐平庸虽然表面看起来只是损失一些金钱或时间，但是对你的人生将留下无法挽回的遗憾。"

是啊！工作本身没有贵贱之分，不同的只是人们对于工作的态度。看一个人是否能做好事情，主要是看他对待工作的态度。而一个人的工作态度，又与他本人的性情、才能以及道德品质有着密切的关系。可以说，了解一个人的工作态度，在某种程度上就是了解了这个人。

因为，一个人所做的工作，是他人生态度的体现，一生的职业，就是他志向的表示、理想的所在。

如果一个人轻视自己的工作，将它当成低贱的事情，那么他绝不会尊敬自己。因为看不起自己的工作，所以备感工作艰辛、烦闷，自然也不会做好工作。

在我们身边，有许多人不尊重自己的工作，不把工作看成创造一番事业的必由之路和发展人格的助力，而只是视为衣食住行的供给工具，认为工作是生活的代价，是无可奈何、不可避免的劳碌。这是多么错误的观念！

那些看不起自己工作的人，往往是一些被动适应生活的人，他们不愿意奋力崛起，努力改善自己的生存环境。对于他们来说，在政府部门工作更体面，更有权威性；他们不喜欢商业和服务业，不喜欢体力劳动，自认为应该活得更加轻松，应该有一个更好的职位，工作时间更自由。他们总是固执地认为自己在某些方面更有优势，会有更广泛的前途，但事实上并非如此。

反观那些严肃对待工作的人，在他们的心中，职业象征着一个人的尊严，工作使他们更深刻地理解了"人生来是平等的"这句话的意义。他们把工作当成人生中极为重要的一部分，兢兢业业，一丝不苟，竭尽全力做好每一件工作，在其所从事的领域中表现卓越，当然，他们的付出也得到了相应的回报，这是毋庸置疑的。

树立更高的奋斗目标

　　工作固然是为了生计，但是比生计更可贵的，就是在工作中充分挖掘自己的潜能，发挥自己的才干，做正直而纯正的事情。

　　一些年轻人，当他们走出校园时，总对自己抱有很高的期望值，认为自己一开始工作就应该得到重用，就应该得到相当丰厚的报酬。他们在工资上喜欢相互攀比，似乎工资成了他们衡量一切的标准。

　　但事实上，刚刚踏入社会的年轻人缺乏工作经验，是无法委以重任的，薪水自然也不可能很高，于是他们就有了许多怨言。

　　也许是亲眼所见或者耳闻父辈和他人被老板无情解雇的事实，现在的年轻人往往将社会看得比上一代人更冷酷、更严峻，因而也就更加现实。在他们看来，我为公司干活，公司付我一份报酬，等价交换，仅此而已。他们看不到工资以外的东西，曾经在校园中编织的美丽梦想也逐渐破灭了。没有了信心，没有了热情，工作时总是采取一种应付的态度，能少做就少做，能躲避就躲避，敷衍了事，以报复他们的老板。他们只想对得起自己挣的工资，从没有想过是否对得起自己的前途，是否对得起家人和朋友的期待。

　　之所以会出现这种状况，主要原因在于人们对于薪水缺乏更深入的认识和理解。大多数人因为自己目前所得的薪水太微薄，而将比薪水更重要的东西也放弃了，实在太可惜。

　　不要只为薪水而工作，因为薪水只是工作的一种报偿方式，虽然是最直接的一种，但也是最短视的。个人如果只为薪水而工作，没有更高尚的目标，并不是一种好的人生选择，受害最深的不是别人，而是他自己。

一个以薪水为个人奋斗目标的人是无法走出平庸的生活模式的，也从来不会有真正的成就感。虽然工资应该成为工作目的之一，但是从工作中能真正获得的更多的东西却不是装在信封中的钞票。

一些心理学家发现，金钱在达到某种程度之后就不再诱人了。即使你还没有达到那种境界，但如果你忠于自我的话，就会发现金钱只不过是许多种报酬中的一种。试着请教那些事业成功的人士，他们在没有优厚的金钱回报下，是否还继续从事自己的工作？大部分人的回答都是："绝对是！我不会有丝毫改变，因为我热爱自己的工作。"想要攀上成功之阶，最明智的方法就是选择一件即使酬劳不多，也愿意做下去的工作。当你热爱自己所从事的工作时，金钱就会尾随而至。你也将成为人们竞相聘请的对象，并且获得更丰厚的酬劳。

不要只为薪水而工作。工作固然是为了生计，但是比生计更可贵的，就是在工作中充分发掘自己的潜能，发挥自己的才干，做正直而纯正的事情。如果工作仅仅是为了面包，那么生命的价值也未免太低俗了。

人生的追求不仅仅只是满足生存需要，还有更高层次的需求，有更高层次的动力驱使。不要麻痹自己，告诉自己工作就是为赚钱——人应该有比薪水更高的目标。

工作的质量决定生活的质量。无论薪水高低，工作中尽心尽力、积极进取，能使自己得到内心的安定，这往往是事业成功者与失败者之间的不同之处。工作过分轻松随意的人，无论从事什么领域的工作都不可能获得真正的成功。将工作仅仅当作赚钱谋生的工具，这种想法本身就会让人蔑视。

事业成功人士的经验向我们揭示了这样一个真理：只有经历艰难困苦，才能获得世界上最大的幸福，才能取得最大的成就；只有经历过奋斗，才能取得成功。

将工作视为一种学习经验

工作所给你的，要比你为它付出得更多。如果你将工作视为一种积极的学习经验，那么，每一项工作中都包含着许多个人成长的机会。

为薪水而工作，看起来目的明确，但是往往被短期利益蒙蔽了心智，使我们看不清未来发展的道路，结果使得我们即便日后奋起直追，振作努力，也无法超越。

那些不满于薪水低而敷衍了事工作的人，固然对老板是一种损害，但是长此以往，无异于使自己的生命枯萎，将自己的希望断送，一生只能做一个庸庸碌碌、心胸狭隘的懦夫。他们埋没了自己的才能，湮灭了自己的创造力。

因此，面对微薄的薪水，你应当懂得，雇主支付给你的工作报酬固然是金钱，但你在工作中给予自己的报酬，乃是珍贵的经验、良好的训练、才能的表现和品格的建立。这些东西与金钱相比，其价值要高出千万倍。

工作所给你的，要比你为它付出得更多。如果你将工作视为一种积极的学习经验，那么，每一项工作中都包含着许多个人成长的机会。

当你刚刚踏入社会时，不必过分考虑薪水的多少，而应该注意工作本身带给你们的报酬。譬如发展自己的技能，增加自己的社会经验，提升个人的人格魅力等等。与你在工作中获得的技能与经验相比，微薄的工资会显得不那么重要了。老板支付给你的是金钱，你自己赋予自己的是可以令你终身受益的黄金。

能力比金钱重要万倍，因为它不会遗失也不会被偷。如果你有机会去研究那些成功人士，就会发现他们并非始终高居事业的顶峰。在他们的一生中，曾多次攀上顶峰又坠落谷底，虽起伏跌宕，但是有一种东西永远伴随着他们，那就是能力。能力能帮助他们重返巅峰，俯瞰人生。

人们都羡慕那些杰出人士所具有的创造能力、决策能力以及敏锐的洞察力，但是他们也并非一开始就拥有这种天赋，而是在长期工作中积累和学习到的。在工作中他们学会了了解自我，发现自我，使自己的潜力得到充分的发挥。

不只为薪水而工作，工作所给予你的要比你为它付出得更多。如果你一直努力工作，一直在进步，你就会有一个良好的、没有污点的人生记录，使你在公司甚至整个行业拥有一个好名声，良好的声誉将陪伴你一生。

有许多人上班时总喜欢"忙里偷闲"，他们要么上班迟到、早退，要么在办公室与人闲聊，要么借出差之名游山玩水等等。这些人也许并没有因此被开除或扣减工资，但他们会落得一个不好的名声，也就很难有晋升的机会。如果他们想转换门庭，也不会有其他人对他们感兴趣。

一个人如果总是为自己到底能拿多少工资而大伤脑筋的话，他又怎么能看到工资背后可能获得的成长机会呢？他又怎么能意识到从工作中获得的技能和经验，对自己的未来将会产生多么大的影响呢？这样的人只会无形中将自己困在装着工资的信封里，永远也不懂自己真正需要什么。

用积极的态度投入工作

人生最有意义的就是工作，与同事相处是一种缘分，与顾客、生意伙伴见面是一种乐趣。即使你的处境再不尽如人意，也不应该厌恶自己的工作。如果环境迫使你不得不做一些令人乏味的工作，你应该想方设法使之充满乐趣。用这种积极的态度投入工作，无论做什么，都很容易取得良好的效果。

人可以通过工作来学习，可以通过工作来获取经验、知识和信心。你对工作投入的热情越多，决心越大，工作效率就越高。当你抱有这样的热情时，上班就不再是一件苦差事，工作就变成一种乐趣，就会有许多人愿意聘请你来做你所喜欢的事。工作是为了自己更快乐！如果你每天工作八小时，你就等于在快乐地游泳，这是一件多么合算的事情啊！

许多在大公司工作的员工，他们拥有渊博的知识，受过专业的训练，他们朝九晚五穿行在写字楼里，有一份令人羡慕的工作，拿一份不菲的薪水，但是他们并不快乐。他们是一群孤独的人，不喜欢与人交流，不喜欢星期一；他们视工作如紧箍咒，仅仅是为了生存而不得不出来工作；他们精神紧张、未老先衰，常常患胃溃疡和神经官能症，他们的健康真是令人担忧。

当你在乐趣中工作，如愿以偿的时候，就该爱你所选，不轻言变动。如果你开始觉得压力越来越大，情绪越来越紧张，在工作中感受不到乐趣，没有喜悦的满足感，就说明有些事情不对劲儿了。如果我们不从心理上调整自己，即使换一万份工作，也不会有所改观。

一个人工作时，如果能以精益求精的态度，火焰般的热忱，充分发挥自己的特长，那么不论他做什么样的工作，都不会觉得辛劳。如果我们能以满腔的热忱去做最平凡的工作，也能成为最精巧的艺术家；如果以冷淡的态度去做最不平凡的工作，也绝不可能成为艺术家。各行各业都有发展才能的机会，实在没有哪一项工作是可以藐视的。

如果一个人鄙视、厌恶自己的工作，那么他必遭失败。引导成功者的磁石，不是对工作的鄙视与厌恶，而是真挚、乐观的精神和百折不挠的毅力。

不管你的工作是怎样的卑微，都当付之以艺术家的精神，当有十二分的热忱。这样，你就可以从平庸卑微的境况中解脱出来，不再有劳碌辛苦的感觉，厌恶的感觉也自然会烟消云散。

常常有一些刚刚毕业的大学生抱怨自己所学的专业，试问：如果你所学的专业与个人的志趣南辕北辙，那么，当初为什么会选择它呢？如果已经为你的专业付出了四年的时光甚至更多的时间，这说明你对自己专业虽然谈不上热爱，但至少可以忍受。

所有的抱怨不过是逃避责任的借口，无论对自己还是社会都是不负责任的。想一下亨利·凯撒——一个真正成功的人，不仅因为冠以其名字的公司拥有10亿美元以上的资产，更由于他的慷慨和仁慈，使许多哑巴能够说话，使许多跛者过上了正常人的生活，使穷人以低廉的费用得到了医疗保障等等，所有这一切都是由凯撒的母亲在他的心田里所播下的种子生长出来的。

玛丽·凯撒给了她的儿子亨利无价的礼物——教他如何应用人生最伟大的价值。玛丽在工作一天之后，总要花一段时间做义务保姆工作，帮助不幸的人们。她常常对儿子说："亨利，不工作就不可能完成任何事情。我没有什么可留给你的，只有一份无价的礼物：工作的欢乐。"

凯撒说："我的母亲最先教给我对人的热爱和为他人服务的重要性。她常常说，热爱人和为人服务是人生中最有价值的事。"

如果你掌握了这样一条积极的法则，如果你将个人兴趣和自己的工作结合在一起，那么，你的工作将不会显得辛苦和单调。兴趣会使你的整个身体充满活力，使你在睡眠时间不到平时的一半、工作量增加两三倍的情况下，不会觉得疲劳。

　　工作不仅是为了满足生存的需要，同时也是实现个人人生价值的需要，一个人总不能无所事事地终老一生，应该试着将自己的爱好与所从事的工作结合起来，无论做什么，都要乐在其中，而且要真心热爱自己所做的事。

　　成功者乐于工作，并且能将这份喜悦传递给他人，使大家不由自主地接近他们，乐于与他们相处或共事。人生最有意义的就是工作，与同事相处是一种缘分，与顾客、生意伙伴见面是一种乐趣。

　　罗斯·金说："只有通过工作，才能保证精神的健康；在工作中进行思考，工作才是件快乐的事。两者密不可分。"

工作是人生的权利和荣耀

每一件事都值得我们去做，而且应该用心去做。罗浮宫收藏着莫奈的一幅画，描绘的是女修道院厨房里的情景。画面上正在工作的不是普通的人，而是天使。一个正在架水壶烧水，一个正优雅地提起水桶，另外一个穿着厨衣，伸手去拿盘子——即使日常生活中最平凡的事，也值得天使们全神贯注去做。

行为本身并不能说明自身的性质，而是取决于我们行动时的精神状态。工作是否单调乏味，往往取决于我们做它时的心境。

人生目标贯穿于整个生命，你在工作中所持的态度，使你与周围的人区别开来。日出日落、朝朝暮暮，它们或者使你的思想更开阔，或者使其更狭隘？或者使你的工作变得更加高尚，或者变得更加低俗。

每一件事情对人生都具有十分深刻的意义。你是砖石工或泥瓦匠吗？可曾在砖块和砂浆之中看出诗意？你是图书管理员？经过辛勤劳动，在整理书籍的缝隙，是否感觉到自己已经取得了一些进步？你是学校的老师吗？是否对按部就班的教学工作感到厌倦？也许一见到自己的学生，你就变得非常有耐心，所有的烦恼都抛到了九霄云外了。

如果只从他人的眼光来看待我们的工作，或者仅用世俗的标准来衡量我们的工作，工作或许是毫无生气、单调乏味的，仿佛没有任何意义，没有任何吸引力和价值可言。这就好比我们从外面观察一个大教堂的窗户。大教堂的窗户布满了灰尘，非常灰暗，光华已逝，只剩下单调和破败的感觉。但是，一旦我们跨过门槛，走进教堂，立刻可以看见绚烂的色彩、清晰的线条。阳光穿过窗户在奔腾跳跃，形成了一幅幅美丽的图画。

　　由此，我们可以得到这样的启示：人们看待问题的方法是有局限的，我们必须从内部去观察才能看到事物真正的本质。有些工作只从表象看也许索然无味，只有深入其中，才可能认识到其意义所在。因此，无论幸运与否，每个人都必须从工作本身去理解工作，将它看作是人生的权利和荣耀——只有这样，才能保持个性的独立。

　　每一件事都值得我们专心去做。不要小看自己所做的每一件事，即便是最普通的事，也应该全力以赴、尽职尽责地去完成。小任务顺利完成，有利于你对大任务的成功把握。一步一个脚印地向上攀登，便不会轻易跌落。通过工作获得真正的力量的秘诀就蕴藏在其中。

勤奋是通往荣誉圣殿的必经之路

如果给你一张报纸，然后重复这样的动作：对折，不停地对折。当你把这张报纸对折了51万次的时候，你猜所达到的厚度有多少？一个冰箱那么厚或者两层楼那么厚，这大概是你所能想到的最大值了吧？通过计算机的模拟，这个厚度接近于地球到太阳之间的距离。

没错，就是这样简简单单的动作，是不是让你感觉好似一个奇迹？为什么看似毫无分别的重复，会有这样惊人的结果呢？换句话说，这种貌似"突然"的成功，根基何在？

秋千所荡到的高度与每一次加力是分不开的，任何一次偷懒都会降低你的高度，所以动作虽然简单却依然要一丝不苟地"踏实"。

其实，这样的动作和事情我们每个人都会做，但又不屑于做，他们贯穿于整个日常生活，甚至你完成了这样的一个动作，自己都不记得。比如你每天都会把垃圾袋带出去扔掉，你会记得你用怎样的动作扔掉的吗？这也正像全世界都谈论"变化""创新"等时髦的概念时，却把"踏实"给忘记了。

懒汉们常常抱怨，自己竟然没有能力让自己和家人衣食无忧；勤奋的人会说："我也许没有什么特别的才能，但我能够拼命干活以挣得面包。"

古罗马人有两座圣殿，一座是勤奋的圣殿，一座是荣誉的圣殿。他们在安排座位时有一个顺序，即必须经过前者的座位，才能达到后者的位置，勤奋是通往荣誉圣殿的必经之路。

一个人的品性是多年行为习惯的结果。行为重复多次就会变得不由自主，似乎不费吹灰之力就可以无意识地、反复做同样的事情，最后不这样做已经不可能了，于是形成了人的品性。

因此，一个人的品性受思维习惯与成长经历的影响，他在人生中可以做出不同的努力，做出善或恶的选择，最终决定一生品性的好坏。

斯蒂芬·金是国际上著名的恐怖小说大师，他的经历十分坎坷，他曾经潦倒得连电话费都交不起。后来，他成了世界上著名的恐怖大师，整天约稿不断。常常是一部小说还在他的大脑之中储存着，出版社高额的订金就支付给了他。现在，他算是超级富翁了，可是他每天仍然在勤奋地创作中度过。

斯蒂芬·金的秘诀很简单，只有两个字，勤奋。一年之中，他很少有时间不写作。勤奋给他带来的好处是永不枯竭的灵感。学术大师季羡林老先生曾经说过："勤奋出灵感。"缪斯女神对那些勤奋的人总是格外青睐的，她会源源不断地给这些人送去灵感。

斯蒂芬·金和一般的作家有点不同。他在没什么可写的情况下，每天都要坚持写五千字。他说，我从来没有过没有灵感的恐慌。

世界上到处是一些看来就要成功的人——在很多人的眼里，他们能够并且应该成为这样或那样非凡的人物——但是，他们并没有成为真正的英雄，原因何在呢？

原因在于他们没有付出与成功相应的代价。他们希望到达辉煌的巅峰，但不希望越过那些艰难的梯级；他们渴望赢得胜利，但不希望参加战斗；他们希望一切都一帆风顺，而不愿意遭遇任何阻力。

"让我们勤奋工作！"这是古罗马皇帝临终前留下的遗言。当时，士兵们全部聚集在他的周围。

勤奋与功绩是罗马人的伟大箴言，也是他们征服世界的秘诀所在。那些凯旋的将军都要归乡务农，当时农业生产是受人尊敬的工作，罗马人之所以被称为优秀的农业家，其原因也正在于此。正是因为罗马人推崇勤劳的品质，才使整个国家逐渐变得强大。

然而，当财富日益丰富，奴隶数量日益增多，劳动对于罗马人变得不再是必要时，整个国家开始走下坡路。

结果，因为懒散而导致犯罪横行、腐败滋生，一个有着崇高精神的民族变得声名狼藉了。

很多人习惯用薪水来衡量自己所做的工作是否值得。其实，相对于勤奋工作所带给自己的机会而言，薪水是微不足道的，至少可以说是有限的。

加伦现在是美国一家建筑公司的副总经理。五六年前，他是作为一名送水工被建筑公司招聘进来的。在送水的过程中，他并不像其他的送水工一样，刚把水桶搬进来，就一面抱怨工资太少，一面躲在墙角抽烟。每一次，他都给每一个工人的水壶倒满水，并利用他们休息的时间，缠着让他们讲解关于建筑的各项知识。很快，这个勤奋好学的人引起了建筑队长的注意。两周后，他被提拔为计时员。

当上计时员的加伦依然勤勤恳恳地工作，他总是早上第一个来，晚上最后一个离开。由于他对所有的建筑工作比如对地基、垒砖、刷泥浆等非常熟悉，当建筑队的负责人不在时，工人们总爱问他。

有一次，建筑队的负责人看到加伦把旧的红色法兰绒撕开包在日光灯上，以解决施工时没有足够的红灯来照明的困难，这位负责人便决定让这个勤恳又能干的年轻人做自己的助理。就这样，他通过勤奋的工作抓住了一次次的机会，用了短短五年的时间，便升迁到了建筑队所属的这家建筑公司的副总经理。

虽然成了公司的副总，加伦依然坚持自己勤奋工作的作风，他常常在工作中鼓励大家学习和运用新知识，还常常自拟计划，自己画草图，向大家提出各种好的建议。只要给他时间，他便可以把客户希望他做的所有事做好。

在今天这个充满机遇和挑战的社会里，要想让自己抓住机遇脱颖而出，就必须要求自己付出比其他人更多的勤奋和努力，积极进取，奋发向上，才能够达成愿望。所以，不管我们现在从事什么样的职业，都应该在自己的岗位上勤勤恳恳地工作。

　　现实生活中，到处充斥着大批失业的人群，给人的印象是社会经济对劳动力的需求不足。但事实上，同时却有许多空缺的职位，在报纸上、人才市场上到处是"诚聘员工"的广告。不过，人们需要的是那些受过良好的职业训练和勤奋敬业的员工。

　　年轻人如果看了林肯的传记，了解他幼年时代的境遇和后来的成就，会有何感想呢？他住在一所极其简陋的茅舍里，没有窗户，也没有地板，用今天的居住标准看，他简直就是生活在荒郊野外。

　　他的住所距离学校非常远，一些生活必需品都很缺乏，更谈不上有报纸、书籍可以阅读了。然而就是在这种情况下，他每天坚持不懈地走一二十公里路去上学；为了能借几本参考书，他不惜步行五六十公里路；到了晚上，他靠着燃烧木柴发出的微弱火光来阅读……林肯只受过一年的学校教育，成长于艰苦卓绝的环境中，但他竟能努力奋斗，一跃而成为美国历史上最伟大的总统，成了世界上最完美的模范人物。

　　勤奋刻苦是一所高贵的学校，所有想有所成就的人都必须进入其中，在那里可以学到有用的知识、独立的精神和坚忍不拔的习惯。其实，勤劳本身就是财富，如果你是一个勤劳、肯干、刻苦的员工，就能像蜜蜂一样，采的花越多，酿的蜜也越多，你享受到的甜美也越多。

　　实干并且坚持下去是对勤奋刻苦的最好注解。要做一个好的员工，你就要像那些石匠一样，他们一次次地挥舞铁锤，试图把石头劈开。也许 100 次的努力和辛勤的锤打都不会有什么明显的结果，但最后的一击石头终会裂开的。成功的那一刻，正是你前面不停地刻苦的结果。

　　为了达到更好、更大的工作成就，加薪也好，提升也好，你必须不断地奋斗，而勤奋刻苦地训练专业技能尤其必要。如果你是有志于工作的人，每天都应该把这个问题在自己的心中问上几遍："我够勤奋吗？"

　　年轻的约翰·沃纳梅克每天都要徒步 4 公里到费城，在那里的一家书店里打工，每周的报酬是 1 美元 25 美分，但他勤奋刻苦的精神让人感动。

　　后来，他又转到一家制衣店工作，每周多加了 25 美分的工资。从这样的一个起点开始，他勤奋刻苦地工作，不断地向上攀登，最终成为了美国最大的商人之一。1889 年，他被哈里森总统任命为邮政总局局长。

　　勤奋敬业的精神是走向成功的坚实基础，它更像一个助推器，把你自己推到上司面前。如果有一天你得到了升迁，你应该自豪地对自己说："这都是我刻苦努力的结果。"

懒惰会吞噬人的心灵

懒惰的人如果不是因为病了，就是因为还没找到最喜爱的工作。没有天生的懒人，人总是期望有事可做。由病中痊愈的人，总是盼望能起床，四处走动，回到工作岗位上做点事——任何事都可以。

懈怠会引起无聊，无聊也会导致懒散。相反，工作可以引发兴趣，兴趣则促成热忱和进取心。

克莱门特·斯通曾经说过："理智无法支配情绪，相反行动才能改变情绪。"选定你最擅长、最乐意投入的事，然后全力以赴付诸行动！

许多人都抱着这样一种想法，我的老板太苛刻了，根本不值得如此勤奋地为他工作。然而，他们忽略了这样一个道理：工作时虚度光阴会伤害你的雇主，但受伤害更深的是你自己。一些人花费很多精力来逃避工作，却不愿花相同的精力努力完成工作。他们以为自己骗得过老板，其实，他们愚弄的只是自己。老板或许并不了解每个员工的表现或熟知每一份工作的细节，但是一位优秀的管理者很清楚，努力最终带来的结果是什么。可以肯定的是，升迁和奖励是不会落在玩世不恭的人身上的。

如果你永远保持勤奋的工作态度，你就会得到他人的称许和赞扬，就会赢得老板的器重，同时也会获取一份最可贵的资产——自信，对自己所拥有的才能赢得一个人或者一个机构的器重的自信。

懒惰会吞噬人的心灵，使心灵中对那些勤奋之人充满了嫉妒。

那些思想贫乏的人、愚蠢的人和慵懒怠惰的人只注重事物的表象，无法看透事物的本质。他们只相信运气、机缘、天命之类的东西。看到人家发财了，他们就说："那是幸运！"看到他人知识渊博、聪明机智，他们就说："那是天分！"发现有人德高望重、影响广泛，他们就说："那是机缘！"

他们不曾目睹那些人在实现理想过程中经受的考验与挫折；他们对黑暗与痛苦视而不见，光明与喜悦才是他们注意的焦点；他们不明白没有付出非凡的代价，没有不懈的努力，没有克服重重困难，是根本无法实现自己的梦想的。

任何人都要经过不懈努力才能有所收获。收获的成果取决于这个人努力的程度，没有机缘巧合这样的事存在。

做个善于学习的人

要想做好本职工作，并且不断地得到工作上的提高，就必须不断地学习新的知识。书本上的要学，实践中要学，只有常备一颗上进心，工作才能取得理想的成绩，才能实现更完美的目标。奥文·托佛勒曾说："在这个伟大的时代，文盲不是不能读和写的人，而是不能学、无法抛弃陋习和不愿重新再学的人。"

哈佛大学的学者们认为，现在的企业发展已经进入了第六阶段——全球化和知识化阶段。在这个阶段，企业将变为一个新的形态——学习型组织。在学习型的企业组织中，无论是分配你完成一个应急任务，还是反复要求你在短时间内成为某个新项目的行家，善于学习都能使你在变化无常的环境中应付自如。

曾在一家大型跨国公司担任销售经理的怀特，3 年来一直忙于日常事务，在与形形色色的客户的应酬中度过了每一天。现在，他的一位下属，通过自学拿到了斯坦福大学的管理硕士学位，学历比他高，能力比他强，在数年的商战中获得了丰富的经验，羽翼日渐丰满，销售业绩惊人。在公司最近的外贸洽谈会上，他以出色的表现，令一位眼光很高、很挑剔的大客户赞叹不已，也赢得了总裁的青睐，被委以经理重任，而怀特则惨遭淘汰。

巴里·杰林斯先生是美国电子产业协会的副主席。他始终知道自己要做什么，很早他就打算进入电子领域，如愿以偿进了通用电气后，他发现大公司里的领导基本上都是一只眼忙于工作，一只眼看世界。他开始关注世界形势和宏观经济局面，对于老板分配的任务他总是及时完成，他的好学得到了老板的赏识，并得到升职的嘉奖。

这些都是好学者成功的例子，他们在开始时都干着一些普通的工作，没有人注意他们，更没有人会认为他们是自己的竞争对手。可是他们并没有放弃，坚持学习，不断地充实自己。在这个世界上，机会总是会偏爱那些刻苦勤奋的人，不断地努力付出总是会有回报的。

墨西哥人有一句谚语——"给他一条大鱼，不如给他一根鱼竿。"同样的意思换个角度来说就是求鱼不如求渔，作为一个求学者，学习方法应该比结果重要得多。

曾经有人问牛顿，为什么会取得那么大的成功？牛顿意味深长地回答："我之所以比别人看得远，是因为我站在巨人的肩膀上。"

凯特——一个在电子通讯领域刚刚兴起时很有名的人，在他 20 岁的时候，竟然出了一本 20 万字的书《电子通讯故障排除大全》，并且获得不错的市场反响。撇开对他的争议不说，他的方法倒很值得我们学习：通过大量的实践与知识积累，广泛收集相关资料，并尽可能地深入学习，成为该专业的专家。其实，凯特做的事情，绝大多数人也可以做到。

真正善于学习和工作的人，学习绝不是简单的模仿，更不是原搬照抄。所以，学习一定要结合自己的实际情况，知识、专业、经验与社会阅历都要考虑进去，切勿简单模仿，弄巧成拙。

第 3 章

梦想是行动的推动力

清楚自己想要什么

在你的脑海里是否一直有一个梦想，却像一座难以攀登的山，让你踌躇不前？事实上，如果你不努力，你的梦想也会衰退。梦想需要专注。而专注的最简单的方法就是每天让出一小部分时间集中注意力在你希望实现的梦想上，在每一点可见的小小的进展下，你将完成一个伟大的突破。

一个人走在通向梦想的途中，他可以一无所有，但不能甘于平凡。一个人若想成功，首先要明确自己最爱的是什么，最渴望的是什么，梦想做什么，在你确立了人生的目标以后，为了实现这个梦想你可能花上几年，甚至毕生的时间去追求。这就是人生的乐趣所在。

如果你愿意接受这样的一个测试，脑海中不妨想象这样的一个画面，一头驴子拉着一辆车，前面有几根胡萝卜在它的眼前晃来晃去，那头驴子就会拉着车子去追那几根胡萝卜。

然而我们人类毕竟不是驴子，但是我们不能否认，一个悬在眼前的希望对于我们的重要意义。驴子眼中的萝卜，也许就是我们人类的梦想。热忱和人类的关系，就好像是蒸汽机和火车头的关系，梦想是行动的主要推动力。人类最伟大的领袖就是那些用知识和梦想鼓舞他的追随者发挥最大的热忱的人。梦想也是推销才能中最重要的因素。

多年来，拿破仑·希尔的写作大都在晚上进行。有一天晚上，当拿破仑·希尔正专注地敲打打字机时，偶尔从书房窗户望出去——他的住处正好在纽约市大都会高塔广场的对面——他看到了似乎是最怪异的月亮倒影，反射在大都会高塔上。那是一种银灰色的影子，是他从来没见过的。再仔细观察一遍，拿破仑·希尔发现，那是清晨太阳的倒影，而不是月亮的影子。

原来天已经亮了。他工作了一整夜，但太专心于自己的工作，使得一夜仿佛只是一个小时，一眨眼就过去了。他又继续工作了一天一夜，除了其间停下来吃点清淡的食物以外，未曾停下来休息。

如果不是对手中的工作充满了对于梦想的热忱，拿破仑·希尔将不可能连续工作一天两夜而丝毫不觉得疲倦。对于梦想的追求，并不是一个空洞的名词，它是一种重要的力量，你可以予以利用，使自己获得好处。没有这种梦想的支撑，你就像一个已经没有电的电池。

梦想是一股伟大的力量，你可以利用它来补充你身体的精力，并练就一种坚强的个性。为自己塑造梦想的过程十分简单。首先，从事你最喜欢的工作，或提供你最喜欢的服务。

瓦特在少年时代是一个满脑子奇思妙想的乖孩子，他整天沉醉在自己的世界里。一天，他正双手托腮幻想着一件令他百思不得其解的事，他的母亲呵斥他，让他到厨房里看一看水开了没有？瓦特在厨房里看到了一个足以改变他一生的现象：沸腾的水把壶盖顶了起来，一起一落，这个平常的小事在瓦特的心里却产生了巨大的联想，他发现了水沸腾之后巨大的力量。后来，瓦特根据这一发现，发明了蒸汽机，蒸汽机的发明，为人类历史带来了一次巨大的革命，推进了人类文明向前进步的进程。

在20年前的深圳，一个一无所有的青年踏上了这块热土，他在一个建筑工地上当力工，每天带着一身的泥水回到住地，别的工友晚上喜欢凑在一起打扑克、下棋，而他一有时间就读世界富豪的传记，并做了大量的摘录，他给自己制定了一个在当时看起来非常可笑的梦想：我要成为大富翁！

每天早晨和晚上，他向自己说着同一句话："我要成为大富翁，无论我现在正在从事什么职业。"若干年后，这位当时默默无闻的青年，跻身于成功人士之列，他真的成了一名资产千万的富翁。

不实现目标誓不罢休，是你最主要的动力，这种动力必须由"梦想、目标、执着"三者结合而来。若想达到这个目标，一定要热忱，有决心、有骨气、肯苦干、肯付出、肯拼命。有了既定的目标，我们就会朝着这个既定的目标前进，在前进的过程中，就会发现，动力和成功其实是两个很相似的概念，如果你有动力，你就会成功。当我们了解自己是一个什么样的人，明确自己要走哪条路，并如何去实现时，下一步就是要确定我们要的是什么。当人们谈到他们的理想时，有几种典型的说法，如："我要赚很多钱"，或是"我要找一份较好的工作"，或是"我要自己做生意当老板"。这些梦想太笼统了。多少钱才是很多钱？什么工作算是好的工作？你要做哪一种生意？

那些可以明确说出他们梦想的人，比那些对自己要什么都只有一个模糊概念的人，会有更多的机会去实现他们的梦想。

所以，如果你想赚更多的钱，你该精确地说出你想赚多少钱，预定什么时候达到这个目标。如果你的目标是找一份好工作，就把你想要干的工作详细地写下来。如果你的梦想是做生意的话，描述一下你要做哪种生意以及你什么时候开始进行。大多数人都只是希望者。做个实现梦想的人吧——做个很清楚自己想要什么的人吧！

向前奔跑，实现梦想

在你的脑海里是否一直有一个梦想，却像一座难以攀登的山，让你踌躇不前？事实上，如果你不努力，你的梦想也会衰退。梦想需要专注。而专注的最简单的方法就是每天让出一小部分时间集中注意力在你希望实现的梦想上，在每一个可见的小小的进展下，你将完成一个伟大的突破。

史蒂芬·柯维说："想象力是灵魂的工厂，每个人的成就都是在这里铸造的。"从12岁的构想，到33岁的实现，福特花了21年在这"灵魂的工厂"铸造他的摩托车。以后的日子，福特的想象力便成了一个"金元的工厂"，替他与数以万计的人铸造了天文数字的财富。

在平时，人们听到的最多一句话是："我太想成功了，可是我又没有办法。"好了，这个"想"字就是我们非常关注的内容，为什么有些人能心想事成，而有些人只能想入非非呢？毫无疑问，任何人生的一点进步都应当是思想或者说是想象力的推动，因为你不想什么就不会得到什么。这是人人皆知的道理。

穷人想摆脱困境，生活得更好，进而想发财、像小康人士那样生活，直到像富人那样生活。小康人士也盼望发财致富，渴望有一掷千金的气概，而富人则想成为全球顶尖巨富，或者能攀上政坛的高峰。当然，你也可能没有致富之思，但你仍然无时无刻不在思索着这样一个问题：如何才能获得人生的成功呢？

想象力通常被称为灵魂的创造力，它是每个人自己的财富，是每个人最可贵的才智。拿破仑曾经说过："想象力统治全世界。"一个人的想象力往往决定了他成功的概率。一个人想象力越丰富，他成功的次数就会越多，反之，就会越少。请看下面一个喜剧故事：

一名年轻的英国女郎幻想自己是位来自遥远岛国的公主，她甚至创造出自己的语言、旗帜、服装及家世。她的仪态、站姿以及高雅细致的手部动作，都在说明她出身尊贵。她真的相信她自己是个公主，以致整个镇上也开始相信她，认为她给小镇带来了欢乐和启示。后来，全伦敦的贵族都学习她的异国原始舞蹈，在她身后排成一长列，模仿她转身和摇摆的动作。

银行家也请她担任大使，来筹款投资那个小岛。一位公爵向她求婚，心想他可以扩充自己的领地及提升他的个人形象。妇女们竞相模仿她的穿着，很高兴有皇室来造访她们。

接着，剧情急转直下，一名记者发现这位公主所说的国家根本不存在，她也不是异国贵族，只不过是个来自伦敦的平凡孤女而已。她在接受这名记者访问时解释说："但我想到这位公主时，我真的变成了她。"最后，所有人的想法都改观了，并且体会到他们需要她充当那位公主，才能使他们对自己更有自信。后来记者爱上了她，两人乘船到了美国，因为那儿的每个人似乎都能实现他们的梦想。后来，她成了一位名副其实的公主，拥有华丽的宫殿，拥有数不清的财产的公主。

这虽然是个虚构的故事，却充分地说明了想象力的重要性。心灵力量的发挥已经被众多的自我成功者接受，并取得了很大的成功。

亨利·福特和安德鲁·卡耐基既是生意上的朋友，也是生活中的朋友。当福特汽车大批量生产汽车的时期到来时，卡耐基的钢铁像树木一样，源源不断地运到福特汽车制造厂。福特的名气和当时的卡耐基、摩根、洛克菲勒一样传遍世界的每一角落。

福特于 1863 年 7 月生于美国密歇根州。他的父亲是个农夫，觉得孩子上学根本就是一种浪费。老福特认为他的儿子应该留在农场帮忙，而不是去念书。

自幼在农场工作，使福特很早便对机器产生了兴趣，于是他那用机器去代替人力和牲口的想象与意念便早露端倪。

福特 12 岁的时候，已经开始构想要制造一部"能够在公路上行走的机器"。

这个意念，深深地扎在他的脑海里，日日夜夜萦绕着。

旁边的人，都"劝导"福特，放弃他那"奇怪的念头"，认为他的构想是不切实际的。老福特希望儿子做农场工人，但少年福特却希望成为一位机械师。他用一年多的时间就完成人家需要三年的机械师训练，从此，老福特的农场便少了一位工人，但美利坚却多了一位伟大的工业家。

福特认为这世界上没有"不可能"这回事。他花了两年多的时间用蒸汽去推动他构想的机器，用了两年多，但行不通。后来，他在杂志上看到可以用汽油氧化之后形成燃料以代替照明煤气，触发了他的"创造性想象力"，此后，他全心全意投入汽油机的研究工作。

福特每一天都在梦想成功地制造一部"汽车"。他的创意被大发明家爱迪生所赏识，爱迪生邀请他当底特律爱迪生公司的工程师，让他有机会实现他的梦想。

终于，在 1892 年，福特 29 岁时，他成功地制造了第一部汽车引擎。而在 1896 年，也就是福特 33 岁的时候，世界第一部摩托车问世了。

由 1908 年开始，福特致力于推广摩托车，用最低廉的价格，去吸引越来越多的消费者。今日的美国，每个家庭都有一部以上的汽车，而底特律则一蹴而就成为美国的大工业城，成为福特的财富之都。

亨利·福特在取得成功之后，便成了人们羡慕备至的人物。人们觉得福特是由于运气，或者有成功的朋友，或者天才，或者他们所认为的形形色色的福特"秘诀"——这些东西使福特获得了成功，但他们并不真正知道福特成功的原因。柯维博士后来说过："也许在每 10 万人中有一个懂得福特成功的真正原因，而这少数人通常又耻于谈到这点，因为这个成功秘诀太简单了。这个秘诀就是想象力。"事实上，在一定程度上，只要能想到就一定能办到。

不但如此，想象力还是成功的第一规律，不怕做不到，只怕想不到，只要你敢于想象，才可能成功。

思考决定行动

世界上没有任何事情是不可能的，如果你有成就事业的强烈愿望，你已经成功了一半，剩下的就是用你的心去实现它了。

赢得一切的关键在于能不能积极思考。你的思考决定你的行动，你的行动则决定别人对你的看法，要记住常常为自己打气。

人类大部分的行为都不可思议。

你是否注意到，为什么推销员会对某个顾客毕恭毕敬，并且说："是的，先生，我能不能为您服务？"但对另一个顾客则不理不睬；一个男人愿意为这一位女士开门，而不愿意替另一位开门；一个员工对某个高级职员百依百顺，对另一个却不买账；或者我们对某个人所说的话会聚精会神地听，对另一个却无动于衷。

请你稍微注意一下你的四周，有些人只能受到"嗨！马克！"或"嗨！布迪！"那种招呼，有些人却能享受到真诚的"是的，先生"那样的礼遇。多观察一下你就会发现，有些人能自然地表现出自信、忠诚与令人赞美的风度，有些人则做不到这一点。

再进一步瞧瞧，你会发觉，那些真正受人敬重的人，都是最成功的人物。

这究竟是什么原因呢？我们可以把它浓缩成两个字，那就是：思考。

思考确实有这种功效。那些自以为比别人差一截的人，不管他的实际能力到底怎样，一定会比别人差一截。这是因为思想本身能协调并控制各种行动的缘故。如果一个人觉得自己比不上别人，他就会表现出真的比不上别人的各种行动，而且这种感觉无法掩饰或隐瞒。那些自以为不很重要的人，就真的会成为不很重要的人。

在另一方面，那些相信自己有能力承担重任的人，就真的会成为一个很重要的人物。

所以，若想成为重要人物，就必须先承认自己确实很重要，而且要真的这么觉得，别人才会跟着这么想。下面我们举出关于这种思考的推理原则。

你怎么思考将决定你怎么行动；你怎么行动将决定别人对你的看法。

就像你自己的"成功计划"一样，要获得别人的尊重其实很简单。为了得到别人的敬重，你必须先觉得自己确实值得别人敬重，而且你愈敬重自己，别人也会愈敬重你。请你想一下：你会不会敬重那些在街上游荡的人呢？当然不会。为什么？因为那些无赖汉根本不看重自己，他们只会让自卑感腐蚀他们的心灵而自甘堕落。

自我敬重的感觉所产生的作用会不断地在我们所做的每一件事上显示出来。现在，让我们把注意力转移到一些特殊的方法上，以便帮助我们增加自我敬重的感觉，因而得到别人更多的敬重。

要使你自己看起来很重要，这样会使你觉得自己确实很重要。这个原则就是：你的仪表本身"会说话"，要使你的仪态显示出一些积极因素才好。每天上班之前，务必使自己看起来就像你理想中的重要人物一样。

有一个广告上说："要使你穿着得体，因为你永远不会付不起这个费用。"这个口号是由一个男性穿着研究机构提出的，确实值得大力推广到每一间办公室、休息室、寝室以及教室。另一幅广告中有一个警官郑重地指出：你很容易由穿着判断一个小孩有没有犯错。当然不见得每一次都对，但毕竟是一件值得大家共同正视的事实。人们会从外表来判断一个人的作为，一旦有了先入为主的印象，要改变对他的看法或对他应采取的态度的确很困难。请你看看你的孩子，用老师和邻居的眼光来看：他的模样和打扮会不会给人留下不良印象？不管他走到哪里，是不是都穿着得体，有出众的仪态呢？

当然这个广告是针对儿童的，但也适用于成人。把上面广告词中的"他"

换成"你自己"、"他的"换成"你的"、"老师"换成"领导"、"邻居"换成"同事",然后再读一次。请试用你的领导和同事的眼光来打量你自己。

本侯根是世界上最伟大的高尔夫选手之一。他并没有其他选手那么好的体能,技能上也有一点缺陷,但他在坚毅、决心,特别是追求成功的强烈愿望方面高人一筹。

本侯根有两个职业,在他玩高尔夫球的巅峰时期,不幸遭遇了一场致命的意外。在一个有雾的早晨,他跟太太维拉丽开车在公路上,当他在一个拐弯处调头时,突然看到一辆巴士的车灯。本侯根想这一下可惨了,他本能地把身体挡在太太面前来保护她。这个举动反而救了他,因为方向盘深深地嵌入了驾驶座。事后他昏迷不醒,过了好几天才脱离险境。医生们认为他的高尔夫生涯从此结束了,甚至断定他能站起来走路已经很幸运了。

但是他们并未将本侯根的意志与需要考虑进去。他刚能站起来走几步,就萌发了出人头地的梦想。他不停地练习,并增强臂力。无论工作到哪里,都保留高尔夫俱乐部的资格。起初他还站得摇摇摆摆,再次回到球场时,也只能在高尔夫球场的轻打区蹒跚而行。后来他稍微能工作、走路,就走到高尔夫球场练习。开始只打几球,但是他每次去都比上一次多打几球。最后,当他重新参加比赛时,名次很快地上升。理由很简单,本侯根知道自己是胜利者。他有必赢的强烈愿望,他知道他又会回到高手之列。是的,普通人跟成功者的差别就是这种强烈的成功愿望。

可以理解的无知,即不知道自己不能做而执意去做,常常使一个人完成了几乎不可能的事情。例如,一位新推销员刚进公司,他没有经验,幸运的是,他不知道自己什么也不懂,而且热心工作,结果销售业绩领先全公司。

初生之犊不畏虎,他并不晓得做不到,反而做到了。这就是"新进"推销员比"老练"推销员好的原因。

黄蜂不能飞是很明显的事实,所有的科学实验都一致证明它不能飞。它的身体太重,翅膀又太轻。根据气体动力学,它根本不可能飞得起来,但是黄蜂居然能飞起来,因为它没有读过气体动力学。

　　何谓可以理解的无知呢？那就是你对生活中无望或消极的情况所产生的反应。它是你将柠檬变成柠檬汁的那种才能。

　　麦克一岁时因患小儿麻痹住进医院。两岁时他成了靠拐杖行走的能手。16岁时，病情又恶化到使他半身不遂，从此他只能靠轮椅行动。

　　1977年8月，麦克21岁时，他担任工程人员，每小时薪水仅有2.99美元，可是他突然被辞退了。你也许猜得出来，劳动市场并不缺乏半身不遂的人。不过，他是个很有工作热心的人，所以很快又找到一份差事，担任伊利诺伊州洛克福一家雇用代理商的职业介绍顾问。

　　1985年3月，在松内斯塔海滨旅馆内，麦克荣膺该公司这一年度的模范顾问。

　　如果你帮助其他人获得他们想要的事物，相信你就能获得你想要的事物，而且你帮助的人愈多，你所得到的也愈多。麦克奉献生命帮助别人，结果最不景气的1974年，他还赚到6万美元以上。他不相信自己有残疾，其他人也同意他没有"失败者的借口"。麦克认为既然生命给了他一大袋柠檬，他就得做出一大杯柠檬汁。

拥有坚不可摧的成功愿望

世上任何事业的成功都不会是一帆风顺的。在通往成功目标的过程中，总会遇到各种困难，唯有那些始终坚守自己信念的人，才会取得最终的成功。胜利者不一定是跑得最快的那个人，而是最有能耐久力的人。

著名黑人领袖马丁·路德·金说过："世界上所做的每一件事都是抱着希望而做成的。"

这就是说，人们基于对环境的认识，进而找到自己的目标，为实现目标导致需要，需要又引发动机，动机即是欲望。欲望即是想得到某种东西或达到某种目标的要求。人的欲望愈强烈，目标谋取就愈靠近，正如同弓拉得愈满，箭就飞得愈远一样。

有了明确的、高远的目标，又有火热的、坚不可摧的愿望，必然产生坚决有力的行动。一个人只有不畏困难，不轻言失败，信心百倍，朝着既定目标永不回头，才会在有生之年走向成功。实现目标的欲望越强烈，成功的可能性就越大。相反，没有坚不可摧的成功愿望，目标便永远不可能达到。

正如我们常常所说：欲得其中，必求其上；欲得其上，必求上上。

人生中有些事情其实我们都能做到，只是我们不知道自己能够做到，但是，我们如果仍然前进，就能做到。

汤姆·邓普西就是一个好例子：

他生下来的时候只有半只左脚和一只畸形的右手，父母从不让他因为自己的残疾而感到不安。结果是任何男孩能做的事他也能做，如果童子军团行军 10

里，汤姆也同样走完10里。

后来他要踢橄榄球，他发现，他能把球踢得比在一起玩的男孩子都要远。他要人为他专门设计一只鞋子，参加了踢球测验，并且得到了冲锋队的一份合约。

但是教练却尽量婉转地告诉他，说他"不具有做职业橄榄球员的条件"，促请他去试试其他的事业。最后他申请加入新奥尔良圣徒队，并且请求给他一次机会。教练虽然心存怀疑，但是看到这个男孩这么自信，对他有了好感，因此就收下了他。

两个星期之后，教练对他的好感更深，因为他在一次友谊赛中踢出了55码远并且得分。这种情形使他获得了专为圣徒队踢球的工作，而且在那一季中为他的球队踢得了99分。

然后到了最伟大的时刻。球场上坐满了6万6千名球迷。球是在28码线上，比赛只剩下了几秒钟。球队把球推进到45码线上，但是根本就可以说没有时间了。"邓普西，进场踢球。"教练大声说。

当汤姆进场时，他知道他的队距离得线有55码远，由分巴第摩尔雄马队毕特·瑞奇踢出来的。

球传接得很好，邓普西一脚全力踢在球身上，球笔直地前进。但是踢得够远吗？6万6千名球迷屏住气观看，接着终端得分线上的裁判举起了双手，表示得了3分，球在球门横杆之上几英寸的地方越过，汤姆一队以19比17获胜，球迷狂呼乱叫，为踢得最远的一球而兴奋，这是只有半只脚和一只畸形的手的球员踢出来的！

"真是难以相信。"有人大声叫，但是邓普西只是微笑。他想起他的父母，他们一直告诉他的是他能做什么，而不是他不能做什么。他之所以创造出这么了不起的记录，正如他自己说的："他们从来没有告诉我，我有什么不能做的。"

永远也不要消极地认定什么事情是不可能的。首先你要认为你能，再去尝试、再尝试，最后你就会发现你确实能。

谈到"不可能"这个观念，我们可以再来看一看拿破仑·希尔——著名的写激励文章的作家所用的奇特办法。

年轻的时候，他抱着要做一名作家的雄心。要达到这个目的，他知道自己必须精于遣词造句，字将是他的工具。但是由于他小的时候很穷，接受的教育并不完整，因此"善意的朋友"就告诉他，说他的雄心是"不可能"实现的。

年轻的希尔存钱买了一本最好的、最完全的、最漂亮的字典，他所需要的字都在这本字典里面，而他的意念是要完全了解和掌握这些字。但是他做了一件奇特的事，他找到"不可能"（impossible）这个字，用小剪刀把它剪下来，然后丢掉。于是他有了一本没有"不可能"的字典。以后他把他整个的事业建立在这个前提下，那就是对一个要成长，而且要成长得超过别人的人来说，没有任何事情是不可能的。

当然，我们并不建议你从你的字典中把"不可能"这个字剪掉，而是建议你要从你的心志中把这个观念铲除掉。谈话中不提它，想法中排除它，态度中去掉它、抛弃它，不再为它提供理由，不再为它寻找借口。把这个字和这个观念永远地抛开，而用光明灿烂的"可能"来代替它。

我们当中的许多人认为自己不是有经验的失败者就是无经验的胜利者。其实，我们无需在有经验的失败者与无经验的胜利者之间抉择。我们可以成为胜利者，获胜的经验愈多，就愈具备胜利者的特征。这不但适用于球队、个人，也适用于你。

当我们全力以赴时，不管结果如何，我们都赢了。因为全力以赴所带来的个人满足，使我们都成为赢家。

给梦想一点沉淀的时间

梦想通常开始于"我一直都希望……"，达成一个新目标常常意味着放弃某些东西，但你会因为激情而放弃稳定的职业吗？人只有鼓起勇气，告别海岸，才能发现新的海洋。很多人不愿意放手的主要原因之一是对改变的结果感到担忧，这导致他们丧失改变自己的生活和获得不同东西的机会。戴尔·卡耐基说过："冒险一试！整个人生就是一场冒险，走得最远的人通常是愿意去做及勇于冒险的人。"你必须成为实现自己梦想的人，如果不采取任何措施的话不会发生任何变化。给梦想一点沉淀的时间，制定计划，并走出第一步。

成功的定义与方向在于你想要什么，而这个愿望随时可能改变，因此你对成功的定义也可能会有所不同。

做自己想做的事，就是追求自己的人生梦想。但存在这样一个问题：如果在你追求梦想的过程中，发现自己真正追求的是另一个梦想呢？那该怎么办？

这是可能发生的。一个梦想常常会引导出另一个梦想，你必须允许自己转变。我们都听说过某个人在某个领域内达到巅峰之后，继续在另一个似乎完全不相关的梦想上追求另一个高峰。这样做的确很棒，同时希望你也能接受这种转变，因为他既然能成就这个梦想，那么他很可能也会在另一个梦想上有出色的表现。

假如一个大公司里经理级的人才，决定转行自己经营一份小生意或一间家庭式旅馆呢？无论他决定做什么，都很可能成功。

假如一位领有执照的会计师，决定从事神职工作？或者一名牧师想做技工？

如果这真是他们衷心企盼的事情，那么就做出改变的决定吧。

现在的生涯、眼前的工作，不见得就比下一个好。成功的定义与方向在于你想要什么，而这个愿望随时可能改变，因此你对成功的定义也可能会有所不同。

同时，你必须认清一件事：你可以比你想象中拥有更多选择。人们常常陷入抉择的困扰中，误以为自己只有 A、B、C 三种选择，或仅能在自己所想的选项中做出决定。但事实上，在任何情况下，我们都有无数的选择，包括我们未曾想过或从来没有人想到过的各种可能性。

在你追求梦想的路上，你可能会无意中发现一个机会，突然间它就呈现在你的面前，你接不接受呢？先评估它，就像你面临其他选择时所做的一样，这到底适不适合你、是不是你真心想要的，或只是路途上的一个阻碍。无论如何，你有权选择。正如你勇敢追求梦想一样，你应该敞开心胸、接受各种可能，不要错过更新、更好的梦想。

那么，你该如何辨别这个新目标究竟是个潜在的危机，还是一个值得追求的新方向呢？检查一下你对它的企图心有多强烈？这真的是你想要的吗？它是不是此刻你在生命中最渴求的事情呢？这个新的梦想能持续多久？他会不会增长、还是几天之后就会消失的一个念头呢？你对这个梦想看得比上一个更清楚吗？接着再客观地审视这个目标。它是不是符合你对自我以及你与生俱来的使命的认知？它是否违背了你所信仰的真理？如果这个新的梦想和你的价值观背道而驰，那么这个梦想也不会长久。给你的梦想一点时间，它可能会有新的发展。

梦想和目标都需要时间慢慢培养。如果你能让梦想自由发展，给它更多的空间，它就更有可能带领你走到一个你不曾预期的方向。

不要太快抓住你的梦想，给梦想一点时间，让它在你心中沉淀。当你发现它再度出现时，跟着你的梦想一起前进。

打开不可思议的机会之门

机会就像春天里的阳光，在寒潮过后，那么煦暖丰盈地洒在人们身上和周遭，可有的人视若不见，只会麻木地抱怨春寒料峭；有的人则怀着感恩和希望的心在阳光下辛勤地播种。当前者后来只能在秋风中空荡荡地瑟缩在严冬里痛苦地绝望时，而后者则会存秋季收获累累硕果，在寒冬坐拥温暖舒适。

将你自己的远见变成现实不是一蹴而就的事，这是一个过程，跟一次旅程十分相似。你决定去旅行之后，首先要做的事情之一，就是决定出发点，没有这个出发点，就不可能规划旅行路线和目的地。

在现实生活中，多想几步，远见卓识将给我们的生活带来极大的价值。

同时会打开不可思议的机会之门。人越有远见，就越有潜能。

1. 远见使工作轻松愉快

成就令人生更有乐趣。当你努力干，把工作做好时，没有任何东西比这种感觉更愉快。它给予你成就感，它是乐趣。当那些小小的成绩为更大的目标服务时——譬如使一个远见成为现实，就更令人激动了。每一项任务都成了一幅更大的图画的重要组成部分。

2. 远见给工作增添价值

同样，当我们的工作是实现远见的一部分时，每一项任务都具有价值。哪怕是最单调的任务也会给你满足感，因为你看到更大的目标正在实现。

这个道理，就如同那个在工地上跟三个砌砖工人谈话的人的故事一样：

那人问第一个工人："你在干什么？"工人回答："我为拿工资而工作。"他用同样的问题问第二个工人，回答是："我在砌砖。"但当他问到第三个工人时，他热情洋溢地回答："我在建一座教堂！"那三个人在做同一种工作，但只有第三个工作受到远见的指引。他看到了那幅宏图，宏图给他的工作增添了价值。

3. 远见预言你的将来

缺乏远见的人可能会被等待着他们的未来弄得目瞪口呆，变化之风会把他们刮得满天飞。他们不知道会落在哪个角落，等待他们的又是什么东西。人生是个机会，这些人希望他们的机会不错。

如果你有远见，又勤奋努力，你将来就更有可能实现你的目标。诚然，未来是无法保证的，任何人都一样。但你能大大增加成功的机会。

爱若和布若差不多同时受雇于一家超级市场，开始时大家都一样，从最底层干起。可不久爱若受到总经理青睐，一再被提升，从领班直到部门经理。布若却像被人遗忘了一般，还在最底层混。终于有一天布若忍无可忍，向总经理提出辞呈，并痛斥总经理狗眼看人低，辛勤工作的人不提拔，倒提升那些吹牛拍马的人。

总经理耐心地听着，他了解这个小伙子，工作肯吃苦，但似乎缺少了点什么，缺什么呢？三言两语说不清楚，说清楚了他也不服，看来……他忽然有了个主意。

"布若先生，"总经理说，"您马上到集市上去，看看今天有什么卖的。"

布若很快从集市回来说，刚才集市上只有一个农民拉了车土豆卖。

"一车大约有多少袋，多少斤？"总经理问。

布若又跑去，回来说有 10 袋。

"价格多少？"布若再次跑到集上。

总经理望着跑得气喘吁吁的他说："请休息一会吧，看爱若是怎么做的。"说完叫来爱若对他说："爱若先生，你马上到集市上去，看看今天有什么卖的。"

爱若很快从集市回来了，汇报说到现在为止只有一个农民在卖土豆，有10袋，价格适中，质量很好，他带回几个让经理看。这个农民过一会还将弄几筐西红柿上市，据他看，价格还公道，可以进一些货。这种价格的西红柿总经理可能会要，所以他不仅带回了几个西红柿作样品，而且把那个农民也带来了，他现在正在外面等回话呢。

总经理看一眼红了脸的布若，说："请他进来。"

爱若由于比布若多想了几步，于是在工作上取得了一定的成功。

请问，你能想到几步呢？

相信你能使自己活得更好，这只是第一步。要使自己的远见真正有价值，还必须与另一种能力结合起来：如何使远见变为现实。有远见但不能把它变成现实的人，只是个空想家。

你需要一套实现你的远见的战略，下面的指导原则对你有帮助。

1. 确定你的远见

这个观点虽然非常简单，但实现远见总得由确定这个远见开始。对有些人来说这实在是太容易了。因为他们似乎生来就有一种远见卓识。另一些人则需要经过长时间的沉思、考虑、祈祷才能获得这种本领。

如果你想成功，就必须多想几步，确定你人生的远见。你的远见不能由别人给你。如果那不是你自己的远见，你就不会有实现它的决心与冲劲。这远见必须以你的才能、梦想、希望与激情为基础，远见是了不起的东西，它还会对别人产生积极的影响——特别是当一个人的远见与他的命运（特别是他存在的目的）不谋而合时。

2. 考察一下你当前的生活

将你自己的远见变成现实不是一蹴而就的事，这是一个过程，跟一次旅程十分相似。你决定去旅行之后，首先要做的事情之一，就是决定出发点．没有这个出发点就不可能规划旅行路线和目的地。

考察当前生活的另一个目的是规划行程估算此行的费用。一般地说，你离自己的远见越远，所花的时间就越多，代价就越大。实现自己的远见是要做出牺牲的。

3. 为大远见放弃小选择

所有梦想的实现都是有代价的。为了实现你的远见，就要做出牺牲，其中一个涉及你其他的选择。你不可能一面追求你的梦想，一面保留着你其他的种种选择。多种选择是好事，可以提供机会。但对于想取得成功的人，有时他必须放弃种种小选择来交换那个唯一的梦想。

这情形有点像一个人来到岔路口，面临几种前进的选择。他可以选择一条能通往目的地的路，他也可以哪一条都不走，可是这样永远达不到目的地。

4. 按自己的远见来规划自己的成长道路

实现自己的远见包含着必须选定一条个人发展的道路，并在这条路上走下去。以为自己可以从生活的一个阶段向另一个阶段进步而无需改变自己，是在自我欺骗。人生的任何积极转变必定需要个人成长。

因为个人成长是实现自己远见的必经之路，所以你能订出的最具战略性的计划是按你的远见来规划你的成长道路。想一想要实现理想你必须做些什么。然后确定，要成为你想做的那种人，你需要学习些什么。看些书籍，听些录音带，以感受一下别人的成长过程。

5. 常与成功人士接触

个人成长的过程包括与人接触。学习如何成功的最佳方法是与成功人士接触。观察他们，向他们请教，逐渐地，你会开始跟他们一样看问题。这句古语确实正确："毛色相同的鸟聚在一块"。

6. 不断地表达你对自己梦想的信心

实现梦想要求你不断努力，并发挥出最大的冲劲。加强韧性与冲劲的方法之一，是不断地表达你对自己梦想的信心。用语言向别人讲，同时默默地对自己讲。保持一种积极的充满信心的态度。即使偶生疑惑，也要全神贯注，保持信心。外在的信心会带来内在的信心。如果你失去自信及对自己梦想的信心，那你的梦想永远不能成真。

7. 预料到有人会反对你的梦想

必须保持积极心态的另一个原因，是你肯定会碰到反对的意见。那些自己没有梦想的人是不会理解你的梦想的，他们觉得你的梦想不可能实现。他们会对你说，你的梦想一钱不值。或者即使他们明白到它的价值，他们也会说，虽然这是可以实现的，但不是由你实现。碰到别人反对时，你不必惊慌。而应有思想准备，抱着永不消沉的积极心态。

8. 寻找实现理想的每条途径

为了实现理想，你必须不停地寻找一切对你有帮助的东西。要乐于尝试新事物，到处寻找好主意。要善于观察，在别的领域效果很好的主意，在你这里也可能有用。全神贯注于你自己的理想，但对走哪条路才能实现理想，则应抱灵活的态度。实现理想要有创新精神，如果我们对新观念关上大门，就不能有创新精神。

以上提到的种种方法，都有助于你实现自己的理想。但是，如果你不愿意超越你平时的水准，这些方法也作用不大。只付出一般的努力是实现不了理想的。

很多时候，我们总是抱怨没有机会，没有人帮助我们，抱怨世界不公平，抱怨自己没有好的出生，没有好的关系……其实，我们缺少的不是这些条件和机会，最重要的，我们缺少的是发现机会的眼光及把握机会所需要的足够的智慧，要知道，这个世界上所有的机会都是给有准备的人准备的。

不要犯同样的错误

反思其实是一种学习能力，反思的过程就是学习的过程，经常反思自己，可以去除心中的杂念，可以理性地认识自己，对事物有清晰的判断，也可以提醒自己改正过失。一个学会了反思的人，世界上就很少有艰难险阻，可以妨碍他走上成功的道路。

你应该常常分析，自己做错的最大的一件事是什么？当你可以明晰地研究出其中原因的时候，就应该马上采取改进措施。不管你有多么成功，你一定要不断地问自己，这一次为什么会成功，成功的最大原因是什么。任何人都会犯错误，可怕的并不是犯错误，而是犯同样的错误。赫拉克利特曾经说过："人不能两次踏进同一条河流。"人也不该犯同样的错误。

你如果不幸犯了错误的话，必须找出为什么会犯这样的一个错误的原因，如果你能找到问题的根源，就能够真正改善你目前生活的质量，从而大大提高成功的概率。

本杰明·富兰克林是美国历史上最能干、最杰出的外交官之一。当富兰克林还是毛躁的年轻人时，一位教友会的老朋友把他叫到一旁，对他尖刻地说："你真是无可救药，你已经打击了每一位和你意见不同的人。你的意见变得太尖刻了，使得没人承受得起。你的朋友发觉，如果你不在场，他们会自在得多。你知道得太多了，没有人能再教你什么。"

这位教友指出了富兰克林的刻薄、难以容人的个性。而后，富兰克林渐渐地改正了他的这一缺点，变得成熟、明智。他领会到即将面临社交失败的命运，所以一改以前傲慢、粗野的习性。后来，富兰克林说："我立下条规矩，决不正面反对别人的意见，也不准自己太武断。我甚至不准将自己在文字或语言上措辞太自主。我不说'当然'、'无疑'等，而改用'我想'、'我觉得'或'我想像'一件事该这样或那样。"这种方式使他渐渐成为事业的强者。

很多人只能集中精神一天、两天，或者是一个星期、一个月、一年、两年，成功者却能一辈子集中焦点，全力以赴。这即是成功者与一般人的差别，他的注意力集中、专注于某事的态度同别人不一样，对目标的信心、决心、毅力和坚持到底的精神，和别人不一样。通过对成功者的研究，你会发现，他们都有这样一个特质——他们都能不断地分析自己做对的事情，以及做错的事情，并且不断地改进。

如果你是对的，就要试着温和、巧妙地让对方接受你，如果你是错的，就要迅速而真诚地承认，这种态度远比争执有益得多。一个人有勇气承认自己的错误，可以获得别人更多的尊重。

艾柏·赫巴是著名的作家，他的文学风格是很独特的。他经常用尖酸的笔触来抨击那些他认为不满的人，这种做法经常闹得满城风雨。

艾柏·赫巴也有犯错误的时候，但最为可贵的是他善于处理这种事件，即勇于承认自己的错误，这经常使他的敌人变成朋友。例如，当一些愤怒的读者写信给他，表示对他某些文章不以为然，结尾又痛骂他一顿时，赫巴便如此回复："回想起来，我也不完全同意自己。我昨天所写的东西，今天就不见得满意，我很高兴地知道你对这件事的看法。如果我真的有些地方出错的话，请你下次在附近时，光临我处，我们可以互相交换意见，遥致诚意。赫巴呈上。"赫巴用这样一种方式，避免了不少争斗，而且往往使那些激愤者成为要好的朋友，使一时的争斗变成了永久的友谊。

如果你通过阅读，从中学到一点东西的话，那么，就应该立即找出自己最大的障碍，以及犯过的最大错误，推导出原因，加以改正。当你可以这样做的时候，下一个成功的人士，一定是你。

天才无法取代毅力

人要做成一点事情，第一靠热情，第二靠毅力。在各领域一切有大作为的人身上，都发现了这两种品质。

首先要有热情，对所做的事情真正喜欢，以之为乐，全力以赴。

但是，单有热情还不够，因为即使是喜欢做的事情，只要它足够大，其中必包含艰苦、困难乃至枯燥，没有毅力是坚持不下去的。何况在人生之中，人还经常要面对自己不喜欢但必须做的事情，那时候就完全要靠毅力了。

在这个世界上，没有任何事物能够取代毅力。能力无法取代毅力，这个世界上最常见到的莫过于有能力的失败者。天才也无法取代毅力，失败的天才更是司空见惯。知识也无法取代毅力，这个世界充满具有高深学识的被淘汰者。光是毅力加上决心，就能无往而不胜。

每个人都希望成功，但却只有少数人愿意努力、付出代价以及从事应该做的工作。一个人认为自己能有所作为，只不过是起步而已。必须要经过几个星期、几个月、几年的不懈努力，才能克服一切不利的条件，在挫折中奋进，最终达到目的。

雷·克洛克—麦克唐纳老板就是个典型的例子。

在挫折中奋他永远不会放弃他的梦想。事实上，他一直到 52 岁时才走上成功的道路。他在 20 年代初开始出售纸杯，并且兼弹钢琴，负起养家的责任。他一共在莉莉·杜利普纸杯公司服务了 17 年之久，并成为该公司最好的推销员之一。但他放弃了这个安定的工作，独自经营起牛奶雪泡机器的行业。他十分着迷于一种同时能够混合6种牛奶雪泡的机器。

后来，他听说麦克唐纳兄弟利用他的8架机器同时推出40种牛奶雪泡，于是亲自前往圣伯纳迪诺调查。他发现麦克唐纳兄弟有一条很好的生产线，能够生产出高质量的汉堡包、炸薯条以及牛奶雪泡。他认为，像这样的好设备只局限在一个小地方，未免太可惜了。

他问麦克唐纳兄弟："你们为什么不在其他地方也开一些像这样的餐厅？"

他们表示反对，说："这太麻烦了，"而且，他们"不知道要找什么人一起合作开设这种餐厅。"雷·克洛克的脑海中却正好酝酿这样的一个人，这个人就是他自己。

雷·克洛克虽然一直只是一个推销员，而且一直到他52岁时才从事新事业，但他却能在22年之内把麦克唐纳扩展成为几十亿美元的庞大企业。

让我们再来看一个故事：

在1985年6月3日至8月15日的两个半月间，日本的牙科医生船木匡先生（52岁），搭乘一艘已有10年船龄的游艇横渡太平洋。

船木匡先生的父亲在他中学二年级时，因疲劳过度而去世，而宛如劳苦化身般的母亲，在三年前因交通意外而亡故。这时，船木匡先生想一个人去旅行。于是，他挂上"今日休诊"的牌子，开始了日本——旧金山9000公里的行程。

船木匡先生虽有驾驶游艇12年的经验，但一个人横渡太平洋的风险，并非像想象中那么容易，那是充满辛苦与恐怖的。波涛和风交错地袭来，浪头高达10公尺，最大风速30公尺，船身如被扭曲般，船头往正下方俯冲，游艇就如同一片树叶般翻腾在怒涛汹涌中。船木匡先生在狭窄的船舱内左右摇晃，他抓住船身，手中紧紧握着一串佛珠向神佛祈祷。进入暴风圈，他连想睡个觉都没办法，度日如年般地过着每一分钟。当然，无线电也不通，有时甚至长达一星期无法通讯。往往在第二天早上醒来时，他会庆幸道："啊！今天还活着！"

6月24日如日本的梅雨般下着毛毛雨，情绪很差。

7 月 4 日——通过第二次世界大战日美战所在的中途岛，默祷。

7 月 15 日——昨夜，好几次梦见母亲而醒来。开始刮大风了。

7 月 19 日——海豚家族来了又离去。下午，信天翁也来玩耍。

7 月 20 日——波光粼粼有如萤火虫的光芒，划破水光前行。（船木匡《终于奋战成功，我的 8.15》）

终于到了 8 月 15 日，可看见笼罩着云雾和彩霞的金门桥

"成功啦！成功啦！美国到了！我终于成功地横渡太平洋啦！"

那一瞬间，船木匡先生情不自禁地大叫起来。为了这次的横渡太平洋之旅，船木匡先生载了 120 天的米、蔬菜汁等出发，可是，实际上他只吃了 40 天的食物。回到日本时，船木匡先生的妻子觉得不可思议便问他："既然带了这么多，为什么不吃呢？"船木匡先生叙述当时的心情说："因为那时候一直考虑明天的问题，不知将会遇到什么样的情况，所以，说也奇怪，我决定要将这些粮食维持半年时间。"

其实这真是很了不起的事。其辛劳与恐怖，绝非我们所能想象的。在这个世界上，还有很多人在进行比船木匡先生更冒险的活动，但船木匡先生本身并不是冒险家，他只是一个平民，更何况他还是个有正常职业的牙科医生呢！这令我吃惊又佩服。

我们并不是特别看重医生，也不是强调要抛弃工作才算有"男子气概"，只不过一般人若拥有这样的好工作，一定会战战兢兢地保有，绝不轻言放弃，所以，尽管要将"今日休诊"的牌子挂上好几个月，说不定会让人觉得这种做法"太过分"，然而船木匡先生仍然决定去进行这趟危险的横渡太平洋之旅。

可见，毅力并不一定是指永远坚持做同一件事。它的真正意思是，对你目前正在从事的工作，要集中精神，全力以赴。要先从事艰苦的工作，然后再要求满足与报酬。要对工作感到满意，还要渴求更多的知识与进步。它还启示人们要多拜访几个人，多走几里路，多锄一些杂草，每天早晨早起一点，随时研究如何改进你目前正在从事的工作。毅力就是经由尝试和错误而最后获得成功。

令人感到兴奋的是，大多数的人都要等到年龄老了之后，才会达到他们生命活力的最高峰，这是出乎我们一般人想象之外的。对年轻人而言，这表示他们有充分的时间来吸收知识及发展个人的才能。而对我们这些年龄较大的战士来说，这表示我们尚有希望。既然一位纸杯推销员及钢琴演奏家能够建立起全世界最大的速食餐厅连锁店，那么，你当然可以使你的梦想实现。这其中的秘诀就是：毅力。

坚持到底，绝对不要放弃你的梦想。

第4章

为将来的卓越做准备

做成功的目标设定者

　　人生应该有总规划，没有规划的人生要么活得不好，要么活得很乱，要么活不下去。有了规划，人生就有目标，就知道自己一生要干什么，于是就能够知道每天要干什么。

　　当然，仅仅有大规划，没有小计划，那只是空想家。

　　人，永远是矛盾的主体，经常处在犹豫和憧憬的困惑中，夹在世俗的单行道上，走不远，也回不去。人，真的是一个难以琢磨的生灵，最了解自己的永远只有自己。

　　在决定投入某一项工作之前，先对这项工作做一个全面的了解，对自己如何在这项工作中施展才干，预先有一个整体的计划，然后就为自己选择孜孜不倦的工作吧，你所做的这一切，都会在你今后的生活中有所回报。

　　到处都有平凡人达到人生目标，一跃成为成功人士。他们并非天生异类，只不过和你一样是平凡人，但他们达到了他们的人生目标！

　　保罗·麦尔是目标设定的世界权威，出版了许多关于某些成功人士看似不可能达成的人生目标故事，让你在阅读之间，心中充满振奋之情。最卓越成功的成功人士，都是成功的目标设定者。他们赋予自己理想无限发展的空间，不为其他目标或机会而延误！他们做长期的规划，检视自己的能力及进度，不时地进行修正与改进，以期能够制定配合自己人生目标的计划。找到你自己的人生目标，有很多种方法。有许多人知道那些方法，只是尚未将这些方法局面化，或将它们列在纸上，进行检视，现在我们极力试着要让你熟悉将目标书面化的方式，来澄清自己的思绪，并赋予你的目标一个形式及主旨。

澳洲有个基德曼爵士，当他在还是个目不识丁的 13 岁小伙子时，就离开家穿越澳洲探险去了。10 年前曾有两位探险家杳无音讯地消失在那无人的蛮荒之地。基德曼出身于一个大家庭，10 岁开始帮家里养牛。有一天，他带着他所赠得的一匹独眼龙母马——名叫巨人，及少许的积蓄，离开家，到全澳洲最大的牧牛场学习牧牛事业。基德曼有一个梦想，也是他的人生目标，就是到澳洲较荒芜、未开发的野地里繁殖牛群。他们的计划，是顺着河流，从北到南，建立一个遍及全澳洲的牧牛事业。他们不但能够提供新开发的殖民地一些工作机会，更将外销市场扩展到全世界各处。基德曼变成了大英帝国拥有最多土地的地主，而且，毫无疑问地，也是当时全世界最大的"牧牛成功人士"。基德曼曾经有个众所周知的外号，叫"牧牛之王"。基德曼成功地达成他的人生目标。

现在介绍一个不同，但也非常有效的方法给各位读者，这也是个认清自己目标最直接的方法。

梦想、目标、运用视觉及想象力，是创造与确定目标的工具。

要更深一层的深究，让各位读者更加清楚。

首先，你要想像自己已经是 90 岁的白鬓老人了！现在，你如果为自己撰写回忆录，你的主题会是什么？在你的生命中，是否有一股不可抗拒的力量持续出现，而且将你推向你最终的，可能成功的，不容忽视的人生目标？你经历了几十年的岁月，从出生、学校到其他的种种经历，你将如何开始你的故事？当你追溯你生命的源头，是否有一种特别的想法，指引你一定要完成某件事？你是否能将你生命的奥妙，包括失而复得的经验，创造出新东西，或者保持住某项好东西的记录，或用图表系统地表示出来？你是否有过可能将那些你会经历过的心惊肉跳，或让你心痛不已，但最后终于能够释怀，恢复平静的经验，载入你的故事中？假若你事先已经确实知道，你将能达到你的人生期望，你会有何种反应？你会满足地保持现状，持续往前推进？或是，反正一定会达到，因而丧失了兴趣，想换另一个完全不同的期望？

你的人生期望应该通过情绪稳定度的测验，就是将感情因素除去再找出存在的期望？

你的人生期望应该通过情绪稳定度的测验，就是将感情因素除去，找出期望存在的真实性及主旨。此种说法并不是完全反对事情有情绪反应，但是，除非能看见事情的手段或事实的证明，否则我们对情绪反映还是非常小心谨慎的。

你真正的人生主题会是什么？有没有任何事足以突显你的特色？你准备花多少工夫来修饰这个特别的事件？有过哪些事情是你不愿在你的故事中提到或多加描述的？你要如何描述你自己的生活习惯、道德品行，以及你与其他人的关系？

为什么你不把这些资料写下来！不是有没有你现在看到的情形，而是你希望它成为何种情况。你将会看到，你所强调的不同重点和情况，现在，你已经准备开始面对你的终极人生目标了。对于我们的人生期望，假如我们想要达成某些结果，我们所要表达的，应该不只是情绪上的承诺。除了你自己之外，没有其他人能够要求你对自己的人生期望下承诺，因为它是专属于你的人生期望。

虽然、在某些情况下，其他人也可能拥有与你类似的期望，但是，这些人是否达成期望的结果，却各自不同。期望有时候是一种渴望的想法，通常是在不可能发生的范围内，假若我们能够拥有期望，我们的满足感会持续多久？

你可能会认识一些期望拥有很多钱的人，结果发现，当他们的梦想成真，拥有许多财富之后，他们仍然觉得不满足。达到财富及物质领域期望的唯一模式，就是想要再多拥有一些。

为什么你不唤醒你年轻时代的理想，把它们与你几年来所取得的成功真诚结合？将那些理想搬到现今的世界里，无论商业界、教育界，或者是政治界，并且开始考虑将理想付诸行动。如此一来，你将发现当你再度敲醒最高理想的同时，也开启了多年以来被遗忘的部分的思绪；然后，这些都将会变成你的承诺。

学会真正的思考

只要养成思考的习惯，生活的质量自然会随之提高，生命的内涵也将更为充实。人可以凭借思想突破有限的时间与空间，掌握自己内心的真我，亦即不受气候、环境、人群所拘束的自我。人生的每一分每一秒都值得珍惜，因为其中充满了新的挑战，等着你以新的精神去响应，从而开拓新的人生境界。

想清楚之后，列表时才能依照欲望强度大小决定各事项的顺序。而在这种决定顺序的过程中，你便不难发现最适合自己的方向及所谓的"第一欲望"。

你所有的恐怖、不安及不吉利的预感……都是由于你相信其他的力量和充满恶意的力量所造成的，这些全都是因你的无知所造成的。

你所知道唯一的精神创造力就是思考。当你理解到你自己的思考之创造能力，并认识到思考是活生生的东西时，你便可以解脱一切的束缚及从人世间的隶属状态解放出来。

拥有科学思考的人，不会将力量给予四周的事物、境遇、人类及环境……由于他们知道，自己的思考和情感是实现自己命运的力量，所以他们能够安定、平衡及沉着。他们也知道，自己唯一的敌人是对自己的否定和充满恐怖的思考，所以他们对一切的人、事、物都不会感到惧怕。

克服困难就必须学会真正思考，认真积极地思考任何失败均能通过积极思想来解决。

有一个 14 岁的男孩在报上看到应征启事，正好是适合他的工作。第二天早上，当他准时前往应征地点时，发现应征队伍已排了 20 个男孩。

如果换作另一个意志薄弱、不太聪明的男孩，可能会因为如此而打退堂鼓。但是这个小伙子却完全不一样。他认为自己应可以动脑筋，运用智慧想办法解决困难。他不往消极面思考，而是认真用脑子去想，看看是否有法子解决。于是，一个绝妙方法便产生了！

他拿出一张纸，写了几行字。然后走出行列，并要求后面的男孩为他保留位子。他走到负责招聘的女秘书面前，很有礼貌地说："小姐，请你把这张便条纸交给老板，这件事很重要。谢谢你！"

这位秘书对他的印象很深刻。因为他看起来神情愉悦，文质彬彬。如果是别人，她可能不会放在心上，但是这个男孩不一样，他有一股强有力的吸引力，令人难以忘记。所以，她将这张纸交给老板。

老板打开纸条，看后笑着交还给秘书，她也把上面的字看了一遍，笑了起来，上面是这样写的：

"先生，我是排在第 21 号的男孩。请不要在见到我之前做出任何决定。"

你想他得到这份工作了吗？你认为呢？像他这样会思考的男孩无论到什么地方一定会有所作为。虽然他年纪很轻，但是他知道如何去想，认真思考。他已经有能力在短时间内，抓住问题核心，然后全力解决它，并尽力做好。

实际上，你一生中会遇到很多诸如此类的问题。当你遇到问题时，一旦认真进行思考，便很容易找到解决办法。

如何将模糊微弱的"愿望"转变成清晰强烈的"欲望"是相当深奥的一种学问。若当真能转变成功，心中便会萌生一种力量驱使自己向前往上推进。想获得成功，最忌讳的就是没有目标、终日无所事事。要知道，思想能控制行动，只要懂得控制自己的思想，你便可以为创造出促使自己成就某事、获得某物的欲望。

首先，将以往 6 个月内想的事情或想要的事物全部列出。如果你觉得不可能全部列出，太笼统或能力之外的事项便可删去。但基本上应尽量保留每一项事物，全数记在白纸之上。

写完之后，你再仔细地从头看过一遍，若发现有即使花上 10 年时间也不见得能完成的事项，便加以删除。原则上，留在表里的事项皆须具备 3 个月到半年之间可以完成的条件。

需注意的是，列这张表时，心中必须先有明确的概念，深知自己所追求的究竟为何。想清楚之后，列表时才能依照欲望强度大小决定各事项的顺序。而在这种决定顺序的过程中，你便不难发现最适合自己的方向及所谓的"第一欲望"。这种列表的方法，对于做决定这件事来说，可以说是最实在也是最有效的方法。

设定心中的"航线"

在这个世界上，没有绝对的好，也没有绝对的不好，因此，无论何地何时都不能用自己的弊端与他人的长处相比，更不要去盲目地、没有道理地羡慕；而应努力发挥自己的优势，只有这样，我们的天地才会豁然开朗，快乐才会弥漫于人生的旅途，每个日子都会充满快乐。

下决心，制定自己的人生航线，同时经常不忘到这一追术，时时不忘将其化为行动，这就是将危机导向优势的秘诀。"人生优势"将会开拓你明朗的人生，时时牢记它，必将为你克服危机开出一条坦途。

一个想要摆脱生存困境、改变自己生存危机的人，在人生定位这个问题上必须要有准确的判断，要能在自己最喜欢的"行当"里淋漓尽致地发挥优势，才能营造人生的成功；否则，入错了行，你就会在很多人面前处于下风，处处感觉到自己处于危急状态。这就是说，要想克服危机，心中不能没有"航线"。

德国法兰克福的钳工汉斯·季默，从小便迷上了音乐，他的心中自然就有这样一条"航线"——当音乐大师，尽管买不起昂贵的钢琴就自己用纸板制作模拟黑白键盘，但他练贝多芬的《命运交响曲》时竟把十指磨出了老茧。后来，他用作曲挣来的稿费买了架"老爷"钢琴，有了钢琴的他如虎添翼，并最后成为好莱坞电影音乐的主创人员。

他作曲时走火入魔，时常忘了与恋人的约会，惹得许多女孩骂他是"音乐白痴""神经病"。婚后，他帮妻子蒸的饭经常变成"红烧大米"。有一次他煮牛肉面，边煮边用粉笔在地板上写曲子，结果是面条煮成了粥。妻子对他很客气，不急不怒，只是罚他把糊粥全部喝掉，剩一口就"离婚"。

他不论走路或乘地铁，总忘不了在本子上记下即兴的乐句，当作创作新曲的素材。有时他从梦中醒来，打着手电筒写曲子。

汉斯·季默在第 67 届奥斯卡颁奖大会上，以闻名于世的动画片《狮子王》荣获最佳音乐奖。这天，是他的 37 岁生日。

我们羡慕那些成功人士所获得的鲜花、掌声，却常常忽略了在这些成功背后的艰辛。我们出生时条件并不重要，重要的是去争取一切我们想要的东西的追术。

一个人想要过一个理想完满的人生，就必须先拟定一条清晰、明确的人生航线。

所谓"人生航线"，就是指人生的目标与理想，而为了达到这个目标，就必须运用合理而有效地克服危机"战术"——为了实现"目标"而采用的手段。

由于"战略""战术"有时具有特定的意味，有些人以为是为别人而设的，其实是针对自己而言的。我们这里所说的"目标"具有理想性和崇高性，而"战术"则具有合理性和实用性——是用正当而合理有效的手段为克服生存危机寻找带有积极和先进的目标。

有了目标，人生就变得充满意义，一切似乎清晰、明朗地摆在你的面前。什么是应当去做的，什么是不应当去做的，为什么而做，为谁而做，所有的要素都是那么明显而清晰。

于是，我们就会为了实现这些目标而发挥更大的心力，一条克服危机而发挥优势的状态便可灿然显现。在为实现由危机导向优势的过程之中，人生的乐趣与韵味显现其中，于是生活便会有更多的活力与激情。此时我们自身隐匿的潜能也会迸发出来。经常有意识地创造出这样的情势使人生更加成功，拥有更加丰富的原则、原理，这对于那些积极向上、渴望改变生存环境的人们来说，无疑是一条人生的航线。

也许对很多人来说改变自我是一种极大的痛苦，但是对那些决心要摆脱自身的危机的人来说，改变自我都是一种乐趣和幸福，因为他们是在为克服摆脱人生而对自己负责。

人生的乐趣存在于一切日常生活之中，存在于一切为了摆脱危机而采取的自我改造之中。

但是，试问一下，我们之中有几个人能够自信地说："我脱胎换骨式地改变自我，是正在享受人生的乐趣呢？"又有多少人能清楚地说出自己感到最高兴、最激动的事情是把自身的危机变成了优势呢？其实这个看似平淡无奇的问题，深深地思索一下，没有多少人能够轻易地回答出来，谁都有过幸福的生活。但是，什么才是幸福的生活？如何才能够得到真正的幸福？如果我们对这些问题模糊不清的话，那么我们就决不会知道明天该采取什么样的行动，才会使生存变得充实和更加富有意义，更加具有目的性。

我们必须仔细地思考一下这些问题：自己想做什么？想过怎样的生活？自己和别人、社会想保持怎样的一种优势关系？在哪一种状态之中自己会感到最满意？

作为个体的人来说，也要给自己确定一个努力的方向——人生的定位。

克服危机，必须要确立人生的定位。先要认清楚自己，将自己摆在整个社会的宏观世界之中，了解自己所处的位置，而进一步则是要以你现在所处位置为基础，为自己设立一个更高层面的定位。这也就是我们通常所说改变危机的目标与理想。

而当我们在思索人生的一切的时候，追溯其原点，不外乎是基于作为个体存在的人的梦想与目标，而这些梦想又构成了我们整个的人生，当然，在我们实现梦想的过程中，也不能无视社会背景的存在。由于每个人的人生观及其价值取向都会因其文化背景、生活环境、宗教信仰等方面而有所不同，因此，每个人的人生定位也会大相径庭，所要求的人生目标也会大为不同。比如说，有的人寻求的是物质上的富足，而有的人渴望的却是精神上的超脱。所以，正确地确立自己的人生定位，是非常之重要的，而基于其上的目标与梦想将会引导我们获得美满的人生。

确立人生定位战略是为了人生的幸福，也因为它，才使人生更加有意义。

除此之外，它也是"人生航线"的最高战略，具体而言，改变自己的一生，赋予其更重要的梦想、目标，以及价值观的，就是自己的人生定位，亦即人生的最高战略。也就是说，无论是在工作上、学习上以及个人生活上，人生幸福的意义，就是由设定这个最高的战略开始的。

环境的危机能够制约人的发展，但是克服危机的人，可以把危机变为优势。

日本有一位诗人叫宫贤治，他出生在日本东北部，如今那里盛产米粮，但在当时生产技术落后的情况下，由于天气寒冷，应灾措施跟不上，农民一直都是过着十分悲惨的生活。

在这种环境中出生、成长的宫贤治，亲眼看到了一幕幕农民悲惨的境遇，他立志要为自己的家乡开创一条坦途。他去学习新技术，试着栽培高产品种蔬菜，并且在村子里义务开办讲座，教给大家如何在恶劣的天气条件下栽培、保护农作物的技术，而且还将不受气候影响的新品种介绍给大家，无偿赠送肥料给村里的农户。

他有一首诗叫作《在风雨中挺立》。在这首诗中，他将自己的心志表露无遗。他希望能改善当时农家的悲惨境遇，增加村人的幸福，而为了这梦想，他将自己投入其中，奔走四方，寻求技术与优良品种。可以说，从这首诗中所表现出的心志即是宫贤治对于最高人生战略的宣言。

宫贤治本生在一个贫穷的农户家庭，他的人生之途也是坎坷不平，但是他相信人生就是应该这样活着。他对自己想做的事情、想要的东西非常清楚，他明确自己的目标，他努力地去实践，而且他也真正地做到了。直到如今，当地人仍然不太重视宫贤治作为一个诗人的身份，而是将其尊为农业技术的宗师，因为对于他们来说，富贤治帮助他们摆脱饥饿的阴影才是最重要的。实现最高战略，让梦想成真的宫贤治，应该就是得到最高满足感及充实感的成功者。

宫贤治将理想付诸行动，那就保证了最高战略的实现。有了人生定位，有了理想，还必须要有行动。"行动"在人生中占有非常重要的地位，没有行动，光说不练，光想不做，其他的一切都不可能发生。但是，把行动本身当作是"目的"，那也是一点意义也没有的。隐藏在行动之后的，应该是更高层次的决定和觉悟，以及将一切付诸行动的力量，换而言之，你必须时时地自问，明确地意识到最高战略又是什么？究竟自己的决心、觉悟何在？这才是打开幸福之门的必由之路。

我们其实可以从身边随手找出几个例子，来证明行动对于实现战略的重要性。的确，一个想要改变自身危机的人，心中不能没有"航线"，不能没有行动。行动本身左右着人生，锁定一个明确的人生指南针，不论是对人生，或是对任何的行动，都是非常重要的。

有计划地前进，分目标地进行

在现实中，我们做事之所以会半途而废，这其中的原因，往往不是因为难度较大，而是觉得成功离我们较远，确切地说，我们不是因为失败而放弃，而是因为倦怠而失败。在人生的旅途中，我们稍微具有一点山田本一的智慧，一生中也许会少许多懊悔和惋惜。

在成功学中有"蜗牛行为"一词，它是指一没有计划的行进；二是速度慢得惊人。其实，那些始终不能克服生存危机的人，自己常出现这种"蜗牛行为"，从而消耗了许多精力和时光。这就需要把"时间""计划""方向""目标"引入自己每天的行为中，才能克服危机。下面这个故事告诉大家一个道理：有计划地前进，分目标地进行，可以成就一个人。

1984 年，在东京国际马拉松邀请赛中，名不见经传的日本选手山田本一出人意外地夺得了世界冠军。当记者问他凭什么取得如此惊人的成绩时，他说，凭智慧战胜对手。两年后，他又在米兰获得了意大利国际马拉松邀请赛冠军。当记者又请他谈经验时，他说了同样的话。人们对他的所谓的智慧迷惑不解。

他在自传中是这么说的：每次比赛之前，我都要乘车把比赛的线路仔细地看一遍，并把沿途比较醒目的标志画下来，比如第一个标志是银行；第二个标志是一棵大树；第三个标志是一座红房子……这样一直画到赛程的终点。比赛开始后，我就以百米的速度奋力地向第一个目标冲去，等到达第一个目标后，我又以同样的速度向第二个目标冲去。40 多公里的赛程，就被我分解成这么几个小目标轻松地跑完了。

在现实中，人们做事之所以会半途而废，这其中的原因，往往不是因为难度较大，而是觉得成功离人们较远。确切地说，我们不是因为失败而放弃，而是因为倦怠而失败。将大目标进行分解，分段完成，我们在不知不觉中就已接近了终点。

很早就有人做过计算，人的一生若能够活 80 岁，那么大约有 3 万个日子，也就是 72 万个小时左右。但是睡眠将花去三分之一左右的时间，而娱乐、消遣和其他琐碎的事情又将占去我们三分之一的时间。因此，我们可以实际拿来行动的时间，不过只有 24 万个小时左右，而如何运用这有限的时间，全看你自己决定。人生，毕竟每个人只有一生，因此每一分、每一秒都弥足珍贵，不容浪费。

平平安安地过日子是大部分人生活的目标，因此，他们只需付出每天过日子的必要精力就足矣了。这种缺乏目标的生活，不过是看看电视而打发光阴。每晚在一部部悲喜剧、推理侦探故事、荒诞影片等电视世界中游逛。夜幕一降，他们就习惯性地坐到电视机旁，无动于衷地望着一个个画面。殊不知电视明星们正是瞄准了这些人而实现了自己的人生目标。请牢牢记住，不要蜗居在缺乏目标的生活中，否则会增加你的危机，而无法克服危机人生。

其实，所谓平平安安的意识正让很多人误入歧途，这就决定了他们满足自我不敢爆发克服自身危机的愿望。要知道人本身的特点规定了：不论你的愿望是什么，你只要想成为什么样的人，你就会无意识地、不自觉地、向实现愿望的方向运动。

如若你的目标是隐居，你最好能重新考虑。要知道，如果你真正过上隐居的生活，那就和两手合拢在胸前，毫无生息地躺在棺材里一模一样了。

这里有一个人寿保险公司对退伍军人和退休者的调查报告。他们都是工作或服务了几十年，早已热望退隐的人。而退伍退休之后的现状是怎样的呢？你大概没有想象到——他们在退休仅仅 4 至 7 年之后，无一例外地，简直像商量好了一样，都从"人生"中退隐下来。无所事事使他们盼望已久的"靠养老金舒舒服服生活"的愿望，变得毫无魅力，没有烦恼的同时，生活中也没有了欢乐。

我们每个人都有成功的潜力，也有成功的机会。以辉煌的成就度过人生也好，还是在挫败的屈辱中熬过人生也好，你所消耗的精力和努力的心血，实际上都是一样的。

然而，大多数人所度过的一生是无意义无目标的人生。他们只是日复一日、年复一年地打发光阴，他们除了年龄一天老似一天外，别的什么变化也看不到；他们在自己所建造的牢房里迷惘、焦躁。

人生的挫败者在其一生中从未达到过自我解放，从未做过给自己以人身自由的决断。即使在最自由的环境里，他们也不敢决定自己的人生该如何度过。他们去工作是为了看看世上又发生了什么事情。他们把宝贵的时间和精力都浪费在观看别人如何实现自己的目标上了。

曾有人巧妙地把人比喻为一条船——在人生海洋中，大约有95%的船是无舵船。他们总是幻想着"什么时候能漂到一个富裕繁荣的港湾"。对风浪海潮的起伏变化，他们束手无策，只有任其摆布，听其漂流。结果他们要么触岩，要么撞礁，以沉没而终了。这种结果除了失败，还能怎样呢？

还有约5%左右的人——他们能够发现并克服自身的危机，而追求自己的成功目标，他们有方向、目标，又研究了最佳航线，同时学习了航海技巧。这些船从此岸到彼岸，从此港到彼港，有计划地行进。那些无舵船一辈子航行的距离，他们只要两三年就达到了。他们像现实中的船长一样，既熟知下一个停泊或通过的港口，也深知航船的目的地。即使航行的目的地暂不明确（譬如探险航行），也能清楚地知道目标的特性。目的地上应有什么和现在航行在什么水域。如果出现狂风巨浪，或者意想不到的其他天灾人祸，他们不会慌张，因为他们知道，只要把应做和能做的都做到，那么抵达目的地就是确定无疑的事。

一个克服危机者往往从起步时就有了生活目标。应成为一个什么样的人？将誓死捍卫的是什么？当自己离世以后，能为后者留下些什么？

一个克服危机者很清楚，按阶段有步骤地设定目标是如何重要，"五年计划""一年计划""六个月达标""本年度夏季运动会的目标"等等。然而，一个克服危机者之所以成功，最重要的原则——成功是在一分一秒中积累起来的。大多数的人都把时间大把大把地扔掉了，扔在那些慢腾腾的动作中；扔在毫无意义的闲聊中；扔在查阅那些没用的资料中；扔在漫无目的的交往中；扔在发表那些众所周知论点的夸夸其谈中；也扔在对那些微不足道的动作和事件的小题大做中；还扔在对琐碎小事无休止的无谓忙碌和"话匣子"一开就没完没了的过程中。这些人把时间不加考虑地用在了并不重要、也并不紧急的地方，而把真正与实现重要目标有关的活动排到次要地位。由于没有把计划的内容放在首位，所以即使辛辛苦苦制订了计划也不能执行，结果大多失败了。

还有一些人，他们热衷于制定宴会计划，剪贴报纸，甚至制作赠送贺年片的朋友住所录。他们在这些事情上花费的时间，远比花时间设计人生计划要大方得多。

这些人都在他们热衷的事项中毁掉了自己，而积累了越来越多的危机，因为你退别人则进，在对比中，你的危机就会成为沉重的包袱。

一个克服危机者每天克服生存危机的目标，至少要在前一天的傍晚或晚间制定出来，还要为第二天应该做到的事情排出先后顺序，至少要写出六个以上的明确顺序的内容。于是第二天清晨醒来，他们就按着事情的顺序，一一去身体力行。

每天结束时，他们再次确认这张克服生存危机的目标表。完成的项目用笔画去，把新的项目追加上去，一天内尚未完成的，顺推到下一天去。

如果你来到百货大楼，而你却没有购物的预算限制，其结果会怎样？你漫步在商品琳琅满目的大厅里，电视里的广告宣传浮现到你脑中，眼前的新产品让你炫目，你的购买欲望在燃起。结果，你满载而归——手提包里装满了原来并没打算买，也不需要，甚至是你原来很反感的东西！

克服生存危机的目标，应该是明确的。精神好像一个自动装置，一个自己不思考的计算机，它只执行你所决定的事项。如果不给它明确的信息，就不能有明确的机能和行为。

那么，究竟怎样才能进行积极的"克服生存危机的目标设定"呢？其秘诀就在于明确规定克服生存危机的目标，将它写成文字妥善保存。然后仿佛那个目标已经达到了一样，想象与朋友谈论它，描绘它的具体细节，并从早到晚保持这种心情。

你的那部"自我意象"的自动机，它无法区别出真正的还是虚假经验；是"正式上演"，还是"彩排"；是实际中体验的，还是想象的。所以不论你树立什么样的目标，好像那已经成了你生活中的一部分，不知不觉地向那个目标的方向前进。

人具有一种不知不觉地向自己所向往的形象运动的自然倾向。像不知向何处漂泊的小船，风对它们也失去了意义。没有目标的人，犹如没有舵的船。"风吹来，有的船驶向东，有的船会飘往西。它们的航向不取决于风从哪里来，而在于船上的帆张向哪一边。"

这与我们的人生是何其相似。在人生的海洋上，流逝的时间像吹到船上的风，扬起风帆的只有我们自己。周围发生的一切，都无法代替我们去驾驶那只属于我们自己的小船。

别忘记牢牢地把稳你的船舵。制订了克服生存危机的计划，还要推进它而不摇摆拖曳。一天有一天的目标，即刻行动起来！对确立的克服生存危机的目标，坚定不移地执行到底。只要你能够这样每天"彩排"一遍，潜在意识就能自然接受它，使你一天天向理想的克服生存危机的目标迈进。你不想成为蜗牛，试图有所为。人生有很多东西是可以放弃的，但万万不可轻言放弃的是为目标而努力。

你是否知道鲮鱼和鲦鱼的习性？鲮鱼喜欢吃鲦鱼，鲦鱼总是躲避鲮鱼。有人曾经用这两种鱼做了一个实验：

实验者用玻璃板把一个水池隔成两半，把一条鲮鱼和一条鲦鱼分别放在玻璃隔板的两侧。开始时，鲮鱼要吃鲦鱼，飞快地向鲦鱼游去，可一次次都撞在玻璃隔板上，游不过去。过了一会儿工夫，鲮鱼放弃了努力，不再向鲦鱼那边游去。更有趣的是，当实验者将玻璃板抽出来之后，鲮鱼也不再尝试去吃鲦鱼！鲮鱼失去了吃掉鲦鱼的信心，放弃了已经可以达到目的的努力。

其实，作为万物之灵的人，有时也犯鲮鱼那样的错误。记得 4 分钟跑完 1 英里的故事吧？

自古希腊以来，人们一直试图达到 4 分钟跑完 1 英里的目标。人们为了达到这个目标，曾让狮子追赶奔跑者，但是也没实现 4 分钟跑完 1 英里的目标。于是，许许多多的医生、教练员和运动员断言：要人在 4 分钟内跑完 1 英里的路程，那是绝不可能的。因为，我们的骨骼结构不对头，肺活量不够，风的阻力又太大，理由实在很多很多。

然而，有一个人首先开创了 4 分钟跑完 1 英里的纪录，证明了许许多多的医生、教练员和运动员都断言错了。这个人就是罗杰·班尼斯特。更令人惊叹的是，一马当先，引来了万马奔腾。在此之后的一年，又有 300 名运动员在 4 分钟内跑完了 1 英里的路程。

训练技术并没有重大突破，人类的骨骼结构也没有突然改善，数十年前被认为是根本不可能的事情，为什么变成了可能的事情？是因为有人没有放弃努力，是因为有了榜样的力量。

你要把克服生存危机的目光始终看着你自己和每个实现目标的自我意象。对今后人生，制订克服危机者的行动计划。你如能做到这些，你将立即赢得人生！这不是"蜗牛"能做到的！

时间在分分秒秒不停地流去，刻不容缓！

找到目标与能力的平衡点

不得不承认，作为个体的生命，我们的能量是极为有限的。在人生追求的过程中，你的脚步最终还是要在某一个极限处停下来。目标能否实现，不是由他人期待所决定，也不是由你个人意志所决定，而是由能力判定。我们每个人在确定目标时，一定要结合自身实际能力"量体裁衣"。目标定得过高，可望而不可即，最终换来的只能是一路负重身心疲惫。"就算你留恋开放在水中娇艳的水仙，别忘了寂寞山谷里野百合也有春天。"我们要学会找到自己目标与能力的平衡点，给自己的人生以正确的定位，如此方能绽放出这世上独一无二的美丽姿态。

在人生诸多的问题中，最大的原因就是大家每天都稀里糊涂，一点不晓得生命中真正对他们有意义、有价值的东西是什么，无怪乎他们在得到所追求的东西之后内心依然空虚，叹道："难道人生就是如此？"

许多人之所以在生活中走偏了路，归根结底是没有弄清楚目标的正确含义，常常耗费心力于那些并非真正想要实现的目标上，因此才会遭受那么多的痛苦。

我们会有什么样的成就，会成为什么样的人，就在于先做什么样的梦。先有梦，才会有成就，才会发挥潜能。

有个出生于旧金山贫民区的小男孩从小因为营养不良而患有软骨症，在6岁时双腿变形成弓字形，而小腿更是严重萎缩。然而在他幼小心灵中一直藏着一个没有人相信会实现的梦——除了他自己。这个梦就是有一天他要成为美式橄榄球的全能球员。他是传奇人物吉姆·布朗的球迷，每当吉姆所属的克里夫兰布朗斯队和旧金山西九人队在旧金山比赛时，这个男孩便不顾双腿的不便，一跛一跛地去球场去为心中的偶像加油。由于他穷得买不起票，所以只有等到全场比赛快结束时，才能从工作人员打开的大门溜进去，欣赏剩下的最后几分钟比赛。

13 岁时，有一次他在布朗斯队和西九人队比赛之后，在一家冰淇淋店里终于有机会和他心目中的偶像面对面接触了，那是他多年来所期望的一刻。他大大方方地走到这位大明星的跟前，朗声说道："布朗先生，我是你最忠实的球迷。"吉姆·布朗和气地向他说了声谢谢。这个小男孩接着又说道："布朗先生，你晓得一件事吗？"吉姆转过头来问道："小朋友，请问是什么事呢？"男孩一副自豪的神态说道："我记得你所创下的每一项纪录，每一次的布阵。"吉姆·布朗十分开心地笑了，然后说道："真不简单。"这时小男孩挺了挺胸膛，眼睛闪烁着光芒，充满自信地说道："布朗先生，有一天我要打破你所创下的每一项纪录。"

听完小男孩的话，这位美式橄榄球明星微笑地对他说道："好大的口气，孩子，你叫什么名字？"小男孩得意地笑了，说："奥伦索，先生，我的名字叫奥伦索·辛普森，大家都管我叫 O.J.。"奥伦索·辛普森日后的确如他少年时所言，在美式橄榄球场上打破了吉姆·布朗所创下的所有纪录，同时更创下一些新的纪录。

为何目标能激发出令人难以置信的潜力，改写一个人的命运？又以何目标能够使一个行走不便的人成为传奇人物？各位朋友，要想把看不见的梦想变成看得见的事实，首先要做的事便是制定目标和计划，这是人生中一切成功的基础。目标会引导你的一切想法，而你的想法便决定了你的人生。

设定目标有一个重要的原则，那就是它要有足够的难度，乍看之下似乎不容易实现，可是它又要对你有足够的吸引力，愿意全心全力去完成。当我们有了这个令人心动的目标，若再加上必然能够达成的信念，那么就可说是成功了一半。

一切目标的制订，除了计划之外还需要行动，它制订的过程跟你用眼睛看东西的过程有很多雷同之处。当你的目光越是接近要看的目标，就越会注意地看，不仅是目标本身，且包括它周围的其他东西。

目标可以吸引我们的注意，引导我们努力的方向，至于最后是成功或是失败，就全看我们是否能始终走在正确的方向上了。

若是有一种目标值得你去达到，这工作就值得好好地计划和行动。

没有人会怀疑在做任何事之前设定明确目标的重要性——然而，多数人都没有真正地牢记目标去生活，也没有认真地将自己的目标具体地写下来。

事实上，若是有一种目标值得你去达到，这工作就值得好好地计划和行动。

把想达成的目标，记录在纸上，这就好比你在旅游时，一定要先决定好目的地的道理是一样的。

目标越具体、越明确越好。但问题在于不管设定怎样明确的目标，如果潜在意识里认为不太可能，那么结果那个目标就不可能达到。所以，最好还是把潜在意识里认为可以做到的事当成目标，并时刻认同你的目标。

例如：自己实力太差，两年内无法考上某重点大学，那么干脆放弃当时进入该大学的愿望。连自己的潜在意识都认为二年内不可能考上，那个目标十有八九是不会实现的，如果勉强以之为目标只会对自己产生副作用。

首先觉得"不进全国重点大学，人生就不会成功"这种想法就错了。不进重点大学也能成功的路也很多，所以应该干脆转向，设立另一个努力的目标，对人生才有助益。假如一个机关公务员在潜意识里不敢相信自己在三年或五年内能成为处长时，那么他最好还是不要用这个来当目标。

不过尽量设立高目标，向着高目标努力，人生才会有乐趣。只有低目标，人生是毫无意义的。所以目标自然还是越高越好，但是也要潜在意识能认同的比较好。

计划是有趣的，没有它们，我们难以达到我们的目标。不过，达到目标之后，我们回顾一下，又明白我们并不是完全按照我们的计划才达到目标的。这么说来，我们必须愿意拟定一个计划，并实施，当一些更好的选择出现时，再放弃它。

要以能获得的最好方法，最好的工具来走向目标。越来越接近你的目标之际，这些方法与工具可能会有改变。不过，"此时"就拟定计划并且使用你目前能有的方法与工具来做事，是十分重要的。

拟计划也许不是舒服的事——你选择并且将那些选择以白黑字写下来往往不是挺舒服的——但其过程很简单。选一个你要你的目标达成的日子，将这日子写下来，并且拟定那时与此刻之间必须发生的所有事情的日程表。

日程表要常做，做到你知道"下一步"该做什么。要能随时采取走向你的目标的下一步行动。关于你的下一个行动步骤，如果你说"我要到下星期才能走那一步"，那么几乎必定有一个你"现在"就能采取的比较小的行动步骤。可能是打个电话、看一本书或收集资讯；可能是规划下一天、写下好事，或者说一项决定。安排一下，以便你随时都有一件事可以做，从而走向你的目标。

为你已有的东西排一下"维修"活动日程表。拟定计划并且有方法地获取你还没拥有的东西，叫"追求你的梦想"。

在将你的梦想付诸生活与追求你的梦想之间，不会剩下多少时间做别的事。怎么样？在这两者之外，人生还有什么别的吗？这两者就足够构成充实的一天了——并且构成一个充实的人生，就这么规划吧。

我们每个人在确定目标时，一定要结合自身实际能力"量体裁衣"。目标定得过高，可望而不可即，最终换来的只能是一路负重后的身心疲惫。

欣赏自己过去的成就

那些企图保持高昂的工作动机的人，绝大多数最后将会面对一个严重的危机：那就是为了不断激励自己，他们已经将生命中的每一段落逐一丢弃。对他们来说，唯一有效的解决办法就是：立即开始将他们的功劳一件件地烙印在心坎儿上，在每次工作计划完成后稍停片刻，来欣赏自己的成果。

如果他们能够容许自己欣赏一下自己过去的成就，未来的成就一定会大不相同。当他们卖力地实施计划时，固然应该专心一致地去达成，但在工作接近完成时，尤其是在几个星期、几个月后，花点时间欣赏自己已经完成的部分是很重要的；如果是个牵扯很广的重大计划，就更值得在每一阶段完成后这么做。

有一种方法可以用来说明这种工作上的力量。过去几年来，"凑合着过日子""递减的期望""日趋下降的生活水准"等口号响彻云霄，国家经济上所遭遇的难题使得这些口号更加重要。然而，这些口号只不过稍微冲淡了一种更强而有力的趋势：递增的期望。

当鲍威尔和韩莉成功地达成被指定的或自行决定尝试的任务时，他们只是把眼光放得更高而已，从不以过去的成就自满。担心退化而产生的焦虑是他们促使自己保持前进的方法。"昨日的一切都已过时了。"韩莉45岁时说。"当别人都在奋力地向前跑时，你却在原地踏步，"鲍威尔在44岁时也说，"很快地你就望尘莫及了，我得一直保持前进才行。"

在30多岁的时候，鲍威尔和韩莉希望能超越他们20多岁的成就；而当他们一过了40岁，却不愿再回顾30来岁的情形，他们试图蔑视过去，所以过去的一切都随着时光消逝；因此过去 10 年间任何良好的表现就好像站在高楼顶上俯视的情形一样，变得陈旧而微不足道。

为什么他们会这么厌恶去重复曾经令他们满足的事情呢？大多数成就动机高的人回答："我为什么还得再做一次？我已经做过了。"

对于其他采取同样方式激励自己的人来说，要利用时光的逝去来避免一个重大的危机，几乎是不可能的事。当我们刚开始这个研究时，最原始的假设是，对工作漠不关心的人随着岁月的逝去，将遭遇更头痛的困难——而其他较敬业的同事却可以远离麻烦。这个预测是完全错误的。漠不关心的人也有他们工作上的问题，但由于他们一开始就不太关心他们的工作或公司，因此当有人在往上爬升过程中从他们身边咆哮而过，所带给他们的苦恼，就比我们想象中来得少。虽然他们也注意到这些工作上的困扰，但并不认为值得牺牲任何睡眠。

相反地，工作成就动机高的人，往往也是玩火自焚的人，我们追踪的结果发现，有 70% 以上的人最后为此付出相当高的代价。这些人以不断地否定过去的一切，作为保持今日强烈工作欲望的手段，致使他们一无所有地走进明日。当他们年轻时，可以这么做，因为他们的目标焦点只在将来；但是，到了中年，特别是晚年的时候，这种做法就会使他们陷入泥潭，这时他们既没有最后退守的据点，也没有任何值得一谈的光荣成就。这样的人正逐年增加，终于成为我们研究的对象，我们也多了一个要讨论的案例：成功而不自觉的人。

人们在这方面愈早改变愈好。这并不需要什么戏剧化的大改变，只需做些小的修正，长期下来就会有很大的效果，首先，这种人必须停止否定他们过去的成就。

就拿鲍威尔的例子说，他必须要承认自己在扩厂计划的 3 年中获得非常重大的成就的事实。同样的，对韩莉而言，在产品包装改良方案成功之后，花片刻时间回想一下自己做了些什么，也是很重要的。但要是他们因为害怕庆功后会永久赋闲而立刻投入另一个计划，那一切就太迟了。记住，如果一个人一开始就无视过去成就的存在，那么他就永远无法再使自己过去的成就受到关注，或将其视为一种胜利。

其中的缘故值得我们去了解。人的记忆都会深受事件发生当时的情感的影响。如果这种情感很强烈，也就越可能在事后记住当时的内容和感觉。反之，如果仅是发生了一件事件，并没有激发任何情感，既不快乐也不悲伤，就较容易为人所遗忘。情感可以帮助人们记忆。

人们若想让先前的成就留下鲜明的痕迹，得做两件事：

第一，在当时就记下来，否则事后可能连找都找不到，更谈不上颂扬赞美了。

第二，他们必须相信，赞扬现在和过去的成就并不会阻碍未来的进步。

如果说我们所研究的这些有抱负的工作者——无论是自行创业或为他人工作的人——都怯于回忆，一点儿也不过分。回忆使他们不寒而栗；沉湎于过去，重温往日的一切，通常被他们视为是一种无益的举动，只适合老年人和怠惰的人。

他们认为，等退休之后再来浏览那些纪念物更合适；而现在，他们忙得无暇回顾过去。基本上，他们的方法是："我仍在建立不朽事迹，那将是我一生工作的结果。现在还不到回顾的时候，一切言之过早。"他们所不了解的是，当他们事业生涯结束时，再想追忆，可能已经没有任何东西留下来了；他们已经在每个阶段里把每一件有意义、值得纪念的事情给摧毁了。

即使他们了解了这点，他们仍然宁可鞭策自己也不愿冒可能猝然停止前进的危险；任何会危害他们努力追求目标的事情，都会被他们避开。不过，在此必须说明的是，暂停片刻以便留下印象，不但不会阻碍目标的达成，反而会有所帮助；因为暂时的休息可以消除过多自我要求的压力，使事情运转得更有效率。

不过，一个人在庆幸自己刚完成的工作时，的确必须非常小心以免招忌；目前各行各业的竞争都很激烈，公开的自夸只会激怒同事和上司，他们可能会以为这个人是在要求升迁和赞赏。每当计划告一段落或接近尾声时，私下略微称赞自己是较有效的办法；在接下来的几个星期或几个月内时常花点时间这么做，同得很重要。

第5章

行动才是真正的努力

行动目标正确，努力才值得

想要努力做成一件事，行动是必不可少的，但如果想要把一件事做对、做好，而不白白浪费一番努力，就必须要树立正确的目标。在正确目标的引导下，积极行动起来，我们才会在努力之后真正地实现目标。

行动是一个人努力的最好证明。有想法不行动，想法就失去了意义。一百次心动，不如一次行动。凡是成大事者，都是勤于行动和巧妙行动的大师。通往成功的路有千万条，行动才是唯一的捷径。一个人唯有积极行动起来，才算得上是真正地在努力。

一个人做事行动力强，固然是一种获取成功的必备能力，但是，如果没有为自己选择一个正确努力的方向的话，那么，拥有再强的执行力，付出再多的努力也都是一种枉然。不论事情有多难做，我们都要衡量价值，如果开始时目标就错了，那么，你之后为这件事所付出的努力都是没有价值的。如果开始的目标与方向正确了，行动才会是正确的，继而付出的努力才是值得的。

对于目标这个问题，哈佛大学有一个著名的关于目标对人生影响的跟踪调查。调查的对象是一群智力、学历、环境等条件都差不多的大学毕业生。其结果是这样的：

27% 的人，没有目标；60% 的人，目标模糊；10% 的人，有清晰但比较短期的目标；3% 的人，有清晰而长远的目标。

在随后的 25 年里，他们开始了自己的职业生涯。25 年后，哈佛再次对这群学生进行了跟踪调查。结果是这样的：3% 的人，25 年间他们朝着一个方向不懈努力，几乎都成为社会各界的成功人士，其中不乏行业领袖、社会精英；10%的人，他们的短期目标不断地实现，成为各个领域中的专业人士，大都生活在社会的中上层；60%的人，他们安稳地生活与工作，但都没有什么特别的成绩，几乎都生活在社会的中下层；剩下27%的人，他们的生活没有目标，过得很不如意，并且常常抱怨他人，抱怨社会，抱怨这个"不肯给他们机会"的世界。

从上面这份调查结果，我们可以知道，他们之间的差别仅仅在于：25年前，他们中的一些人知道自己到底要什么，而另一些人则不清楚或不是很清楚。

目标，像分水岭一样，能轻而易举地把资质相似的人分成少数的精英和多数的平庸之辈，前者主宰着自己的命运，后者却随波逐流，枉度一生。可见，确定一个正确而清晰的目标，对我们来说是重要的。一个正确的目标，决定着一个人的努力是否会取得成效，决定着一个人的努力会带来怎样的结果。

一位父亲带着三个儿子到草原上猎杀野兔。

到达了目的地，一切也准备得当，在开始行动之前，父亲向三个儿子提出了一个问题："你们看到了什么呢？"

老大回答道："我看到了我们手里的猎枪，在草原上奔跑的野兔，还有一望无际的草原。"

父亲摇摇头说："不对。"

老二的回答是："我看到了爸爸、大哥、弟弟、猎枪、野兔，还有茫茫无际的草原。"

父亲又摇摇头说："不对。"

而老三的回答只有一句话："我只看到了野兔。"

这时父亲才说："你答对了。"

正确而明确的目标会为我们的行动指出正确的方向，使我们在实现目标的道路上少走弯路。

事实上，目标不合理、漫无目标或目标过多都会阻碍我们前进，使自己所付出的努力白费。因此，在生活和工作中，给自己制定一个正确的目标是有必要的。

那么，制定一个正确的目标需要注意哪些方面呢？

1. 目标必须合理

在制定目标时，大目标要高于自己现有的能力，分解后的小目标却要合理。例如一个学生，一节课能背 50 个英语单词，那就不要给自己定下一节课背 500 个单词的目标，因为，这远远超出了能力范围，根本不可能实现；也不要定下一节课背 10 个单词的目标，因为这浪费了潜力。

2. 目标必须具体

例如"我想考上大学"此类的目标都是不明确的。究竟想考什么样的大学？重点、本科，还是专科？是什么专业等等，这些都是必须预先弄清楚。目标越具体，心里就越有底，目标就越容易实现。

3. 目标必须限时完成

从严格意义上讲，没有时间期限的目标等于没有目标，它只是一个梦想，因为它无法衡量进度，也无法衡量结果。没有时间期限的目标会让人今天拖到明天，明天拖到后天；今年拖到明年，明年拖到后年，会一直拖到放弃。

4. 目标必须分解到今天

大目标必须分解到今天，分解到现在，分解到自己现在应该做什么。不要下了很大决心，从下周开始，从下月开始，甚至从明年开始。如果从 80 岁开始，那什么都不要做了。

不要总是像无头苍蝇一样到处乱转，如果能提前做好打算，为何还要让自己的努力付诸东流呢？对于一艘没有航向的船只，任何方向的风都是多余的。

犹豫是一种不好的恶习

认准了的事情，就不要优柔寡断；选准了一个方向，就只管上路，不要回头。要知道，机遇就像闪电，只有快速果断才能将它捕获。立即行动是成功人士共同的特质。如果你有好的想法，就应该立即行动；如果你遇到了一个好的机遇，就立即抓住它。只有行动起来，成功才会成为可能。

生活中没有100%稳赢的事情，只要有50%稳赢的概率就应该赶快付出努力，拿出行动，而不要犹豫不决。做生意、创业、投资都不是问题，只要下定决心、学好模式、用好技能、克服恐惧和障碍心理，看准了就采取行动，那么，我们就有了努力后获取成功的机会。

在生活中，有很多人做事总是拿不定主意，失去了许多取得成功的机会，这都是他们心中的犹豫在起破坏作用。犹豫是一种不好的恶习。为什么这么说呢？一起来看看下面这个故事。

一位智商一流、持有大学文凭的才子决心做生意。

有朋友建议他炒股票，他豪情冲天，但去办股东卡时，他却开始犹豫道："炒股有风险啊，等等再说吧！"又有一位朋友建议他到夜校兼职讲课，他很有兴趣，但快到上课的时间时，他又开始犹豫了："讲一堂课才20块钱，没有什么意思。"

才子很有天分，却一直在自己的犹豫中过着每一天。两三年过去了，他一直没有"下"过海，碌碌无为。

有一天，才子回家乡探亲，路过一片苹果园，望见长势喜人的苹果树。他禁不住感叹道："这是一块多么肥沃的土地啊！"种树人一听，很生气地对他说：

"那你也来看看土地是怎样长出苹果的吧。"听到这句话后，才子才恍然间有所觉悟。

世界上有很多人光说不做，总在犹豫；有不少人只做不说，总在耕耘。要明白，成功与收获总是光顾有了成熟的方法并且付诸努力的人。才子空有一身才学，却不懂得合理地运用，还总是对萌生的想法犹豫不决，迟迟拿不出行动来。有这种恶习的人，很难做成大事。

有人曾做过一个总结，说各行业中首屈一指的成功人士都有一个共同的优点，那就是：他们办事言出即行，绝不犹豫，此种能力会取代智力、才能和社交能力，来决定一个人的收入和财富增长速度。虽然这个观念很简单，但在生活和工作中，不善于取得成果的人总是缺乏这些的。我们常常会看到很多自恃有才的人抱怨自己"怀才不遇""选错了婆家、嫁错了郎"，可是，平心静气地想一想，这样的场面是否似曾相识：很多的书应该去读，很多的准备工作应该去做，很多的交易应该立即执行，可是到头来却总是没能采取行动，以至于浪费了大把宝贵的时间，错过了一次又一次的良机。

因此，困扰我们的并不是没有机会让我们施展才华，而是不知道去努力，总是犹豫不决。那么，如何才能够培养立即行动的习惯，改掉犹豫的恶习呢？可以从以下几个方面去做：

1. 记住，想法本身不能带来成功

想法是很重要，但是，它只有在被执行后才有价值。一个被付诸行动的普通想法，要比一打被放着改天再说或等待好时机的好想法来得更有价值。如果你有一个觉得真的很不错的想法，那就为它做点什么。

2. 用行动来克服恐惧、担心

不知你有没有注意到，公共演讲最困难的部分就是等待自己演讲的过程。即使专业的演讲者和演员也会有表演前焦虑担心的经历，但是一旦开始表演，恐惧也就消失了。要知道，行动是治疗恐惧的最佳方法。万事开头难。一旦行

动起来，你就会建立起自信，事情也会变得简单。

3. 积极发动你的创造力

我们对创造性工作最大的误解之一，就是认为只有灵感来了才能工作。万不可机械地等待灵感光临，与其等待，不如积极发动你的创造力马达。

通过上述方法，就能变被动为主动，从而也就可以为自己捕捉到成功的机会。

努力为了梦想去奔波

想创出一番事业，学习有所建树，做好面对困难的挑战甚至是面对失败的准备是必须的。另外还要去行动，并不断地向着既定的目标努力前进，这样我们才能够变不可能为可能，让梦想成为现实。

为什么有的人能成功，有的人则总是与成功无缘？成功学家指出，这是因为前者在有了梦想后，会努力用行动去完成它，而后者则不尽全力，缺乏努力进取的精神。有了梦想是好的开始，但只有努力行动才能把好的开始变成好的结果。

一个名叫西尔维亚的女孩，她的父亲是有名的整形外科医生，母亲在一家大学担任教授。西尔维亚在念中学的时候，就一直想当电视节目的主持人。西尔维亚常常说："只要有人给我一次电视机会，我相信我一定能成功。"

西尔维亚这样说，但并没有为她的理想而做出任何的行动和努力，只是一直在等待着奇迹能出现在她的身上。日子一晃十年过去了，结果西尔维亚什么奇迹也没有等来。

另一个名叫辛迪的女孩却实现了西尔维亚的理想。这是为什么呢？其原因在于：辛迪不像西尔维亚那样有可靠的经济来源，所以，她没有在那等待着机会的出现。她很努力地为了自己的梦想去奔波。辛迪白天去做工，晚上在大学的舞台艺术系上夜校。毕业之后，她开始谋职，跑遍了洛杉矶每一个广播电台和电视台，但是，每个地方的经理对她的答复都差不多："不是已经有几年经验的人，我们不会雇用的。"

辛迪并没有为此退缩，而是努力地走出去寻找实现梦想的机会。她一连几个月阅读广播电视方面的杂志，终于她看到了一则招聘广告：北达科他州一家很小的电视台招聘一名预报天气的女孩子。她抓住这个工作机会，动身去了北达科他州。

辛迪在那里工作了两年，最后在洛杉矶的电视台找到了一个工作。又过了5年，她得到了提升，终于成为一名成功的电视节目主持人。

"梦想成真"对于每个人来说都是一个最美好的心愿。每个人也都有自己的梦想，有些人还不乏抱有很好的想法、目标和计划。因此，让梦想成真，就成了实现自身价值的一个重要途径。但是，在生活中，有的人有了梦想之后，要么长期犹豫不决，迟迟不能以实际行动去实现梦想；要么碰到一点困难就打退堂鼓，放弃努力，甚至彻底放弃了自己的梦想。再美好的梦想与目标，再完美的计划和方案，如果不能在行动中努力落实，那么只能是纸上谈兵，空想一番。

西尔维亚没有做到自己想做的事情，而辛迪却如愿以偿地实现了自己的梦想，原因就在于：西尔维亚一直停留在自己的幻想里，虽然她有好的家庭条件，但她并没有合理地利用，更没有做出一丁点儿的努力和行动，只是坐等着机会的到来；而辛迪却为自己的梦想采取了行动，并且通过自己的努力，最终，一步步地实现了心中的愿望。

在实现梦想的过程中，不仅要"肯做"，还需要锲而不舍地"努力做"。实现梦想往往都是一个艰苦的、努力的过程，而不是一下子就能一步到位，立竿见影。

美国著名动作影星史泰龙，在高中时代梦想着要当一名演员。于是，他前往好莱坞找导演，找制片人，整整三年，都没有一个人看好他，更没有上过一个镜头。不过，史泰龙并没有为此气馁，而是一次次地分析失的原因，一次次地在自我反省、自我检讨中努力着、进步着。终于，有一天，一个拒绝他20多次的导演答应愿意给他一次拍电视剧的机会。史泰龙用行动、用努力终于迎来了自己收获的季节。他的电视剧，在第一集时就创下了收视的最高纪录，史泰龙从此便走上了真正的演艺之路。

俗话说："成功总是光临于那些有所准备的人。"当看到别人的成功时，我们应当了解，他们背后的行动和付出是平常人都难以想象和从没有努力做过的。

努力让想法成为现实

一个只知道空想的人，如果不付诸行动，那么，永远都不可能梦想成真。对一件事有计划、有目标当然是需要的，但要想让计划、目标成为现实，就必须付出行动。要记住：想法再多，都比不上一个行动更具有现实意义。

行动就是力量，唯有努力行动才可以改变一个人的命运。十个空洞的幻想远远比不上一个实际的努力后的行动。在生活中，我们总是在憧憬，有计划而不去执行，其结果只能是一无所有。成功，不仅要有想法，而且更要去努力把它变为现实。

无论是过去还是现在，许多成功人士在工作中都是充满活力的，他们以常人罕见的激情和热情努力地投入到工作中去，为自己执着追求的事业而献身。

那些有雄心成大事的人，不会等到精神好的时候才去做事，而是努力推动自己的精神去做事。

"现在"这个词对成功的妙用是无穷的，而"明天""下个礼拜""以后""将来某个时候"或"有一天"，往往就是"永远做不到"的同义词。有很多好计划没有实现，就是因为应该说"我现在就去做，马上开始"的时候，却说了"我将来有一天会开始去做"。

我们用储蓄的例子来说明这个问题。人人都认为储蓄是件好事。虽然它很好，却不表示人人都会依据有系统的储蓄计划去做；许多人都想要储蓄，只有少数人才能真正做到。

　　这是一对年轻夫妇的储蓄经历。毕尔先生每个月的收入是 1000 美元，但是，每个月的开销也要 1000 美元，收支刚好相抵。夫妇俩都很想储蓄，但往往又会找很多理由使之无法开始。他们说了好几年："加薪以后马上开始存钱。""分期付款还清以后就要……""渡过这个难关以后就要……""下个月就要……""明年就要开始存钱。"

　　最后，他的太太珍妮不想再拖下去，于是就对毕尔说："你好好想想看，到底要不要存钱？"他说："当然要啊！但是现在省不下来呀！"

　　珍妮这一次下决心了。她说："我们想要存钱已经想了好几年，由于一直认为省不下，才一直没有储蓄，从现在开始就要认为我们可以储蓄。我前两天看到一个广告说，如果每个月存 100 美元，15 年以后就有 18000 美元，外加 6600 美元的利息。广告又说：'先存钱，再花钱'比'先花钱，再存钱'容易得多。如果你真想储蓄，就把薪水的 10% 存起来，不可移作他用。我们说不定要靠饼干和牛奶过到月底，只要我们真的那么做，就一定可以办到。"

　　这对夫妻为了存钱，刚开始几个月吃尽了苦头，尽量节省才留出一笔预算。再后来，他们越来越觉得"存钱跟花钱一样的好玩"。很多愿望其实并没有我们想象中的那么困难，只要努力行动，其实就可以做到。这关键就在于是否去"努力做"了。

　　想不想写信给一个远方的朋友，如果想，现在就去写；有没有想到一个对生意大有帮助的计划，如果有，马上就开始去做。时时刻刻记着本杰明·富兰克林的话："今天可以做完的事不要拖到明天。"这也是俗话所说的："今日事，今日毕。"

　　如果你时时想到"现在"，那么你就会完成许多事情；如果你常想着"将来有一天"或"将来什么时候"，那么你就会一事无成。

　　人世间真正的天才与白痴都是极少数的，绝大多数人的智力都是不差上下的。然而，有的人成就显著，有的人却碌碌无为。这本是智力相近的一群人，成就却有着天壤之别，要知道，有成就的人与平庸之辈最根本的差别并不在于天赋，也不在于机遇，而是在于有无人生奋斗目标、有没有实现目标的努力精神。

对于那些没有目标没有行动的人来说，岁月的流逝只意味着年龄的增长，平庸的人只是在日复一日年复一年地重复自己。

诚然，条件成熟是成功的前提，但这并不是说等条件成熟了才能行动。坐等其成，只会虚度时光，要知道条件完全是可以由自己再创造的。不要再在想象中浪费掉每一天了，要想使自己的愿望有所收获，我们就必须让自己拿出实际行动来，每一天都努力。

努力让心中的蓝图实现

一个人如果总担心计划不够完美，从而花很长的时间去思考，最后这种信心就会被自己想象出的种种困难所扳倒。要知道，所谓的困难，很多都是想象出来的，或许在做的时候它根本就不存在。人应该学会思考，但思考之后的行动才是最重要的。

人的一生，是由每天的思考与行动支撑起来的。爱思考不是病，但人不能仅仅是思考而不加以行动，否则人便成了无源之水、无本之木。一个人想要拥有一个美好的人生，必须用自己的实际行动去书写，去创造。只有努力，才能实现心中的蓝图。

在我们身边，有很多"空想家"，也就是我们所说的爱幻想。幻想是一种与生活愿望相结合，并指向未来的想象，它是创造性想象的一种特殊的形式。一个人的幻想，有积极幻想与消极幻想之分。积极的幻想通常叫"理想"，是人在正确的世界观的指导下产生的，这种幻想能激励我们的斗志，鼓舞信心，推动我们去努力学习和工作。一个人，特别是一个青年人，如果没有这样的幻想，就会变得目光短浅、胸襟狭窄，不会为了明天的欢乐而去努力克服今天的困难。积极的幻想，对于我们来说是一种宝贵的品质。消极幻想的特征是脱离实际，以愿望代替行动，俗话叫作"想入非非"，而一个只会空想的人，只能是白白地浪费青春和生命。

古时候，有一个和尚，他决定到南海去，但他身无分文况且路途遥远，交通又极不方便。可他没有被这些困难所困扰，他只有一个信念，那就是"我一定要到南海去。"

于是，他便沿途化缘，一步一步地往南海的方向迈进。路过一个村庄化缘时，他碰到了一个比较有钱的人家。当看到这个和尚化缘时，有钱人问他："你化缘干什么？"

和尚坚定地回答："我要去南海！"

有钱人不由得哈哈大笑起来，"凭你也想到南海，我想到南海的念头已经有好几年了，但还一直没有准备充分。像你这样贫穷的人，还没到南海就是不累死也会被饿死的。还是趁早找个寺庙安稳度日吧！"

和尚并没有为此所动，反而更加固执地说："我迟早要赶到南海。"

几年以后，当和尚从南海返回的途中又到这个有钱人家里化缘时，这个富人还在准备着他的南海之行。

在生活和工作中，有许多人一直都在计划、梦想、等待、准备之中，浪费了无数的时间，而没有一点点行动。缺乏行动力的人永远都是可怜的空想家。有钱人与和尚的行为就是一个鲜明的对比。要知道，对于一件事，只有把思考转变成了行动，努力才会有价值体现出来。

对于生活中的大多数人来说，只要丢掉空想的坏习惯，树立积极的目标，并把思考努力转变为行动，就会把梦想转化为现实。

人人都希望自己能有所成绩，心愿也都能成真，但是真正地行动起来又是一件非常困难的事情。在思考转变为努力行动的过程中，需要做到以下几点：

1. 明确自己的人生目标

俗话说："空想得再多不如一步一个脚印踏踏实实地走。"每个人都有自己的很多理想和想法。选择切合实际的路走，而且制定好步骤和规划，那么你就会觉得目标不再遥远，路越走越清晰。

2. 有效地自我克制

太过于沉溺于某件事情的话，可能会上"瘾"，切记，如果是不良的"瘾"，要及早发现并要加以克制。可以选择运动还有听音乐等别的东西来分散自己的空想，把自己每一天的生活安排得丰富一点。

3. 加强人际交流

朋友多了路好走，朋友可以让你有一个更好的心境，遇到开心和烦恼的事时可以及时向朋友倾诉，他们可以给你更多的帮助，使你可以有计划地继续前行。

在行事前，进行慎思，是为了能看清楚事物其中的脉络和结构，找出有效的对策。其中若是有些事很清楚而且自己也不会产生疑惑时，就没有必要再多费心思考。要记住：凡事若因多虑而自设障碍耽搁执行，最后只能是一事无成。

我们要用思考来决定自己前进的方向，用行动来完成要达到的目标。在这个过程中，我们用思考来寻找解决困难的方法，用行动来把各种困难化解掉。只有思考与行动并行，而且还要付出足够的努力，我们才能实现梦想。

每个人都盼望自己有一天能成大事。可很多人，总是事情还没有去做，就已经开始憧憬成功时的神气了，且并沉浸其中，忘记自己此时还站在原点。

勇敢地迈出第一步

许多人之所以不成功，是因为没有勇气迈出第一步，或者是懒于迈出第一步。这个"第一步"就是成功的第一道防线。只要敢于突破第一道防线，每天向目标迈出一点点，持之以恒，就能大有收获。

对于自己从未做过而又十分想去做的事情，相信每个人都有想去实践的冲动，但事实是，并不是所有人都敢于行动。因为，在很多人心中总有一种思维定式在左右着他们的行为，他们一直徘徊在被自己设置的那扇门外，并且饱受着门外的寒冷和痛苦，始终没有勇气伸出手尝试，去推一下那扇门。其实，他们并不知道那扇门到底是不是锁着的。只要敢于去伸出手推一下，也许他们就能够进入房子并且享受到房子里的温暖和舒适。然而，在现实生活和工作中，在面对一些具有挑战性的事情时，他们却总是在这样的情形下备受煎熬。

在生活中，无数事实都为我们证明：敢于尝试，敢于迈出第一步，是一个人想要去努力的开始，是取得成功的关键。

人开始学走路时，第一步是最难迈出的；学习上，第一个字是最难学的；经商时，第一个一万元是最难挣的，等等。所以，人们常说："万事开头难。"但是如果不迈出第一步，怎么能学会走路？如果不迈出第一步，怎么就知道自己不会成功？勇敢地迈出第一步，努力尝试，即使失败，也是成功的开始。勇敢迈出第一步的人，总不会失望而归。畏首畏尾，胆小怕事，终不能成大事。只有勇于开拓、永远走在最前面的人，才是真正的英雄。

想有结果必须有开始，有结局必须有开局，有结尾必须有开头，想开头必须得受难。吃过苦，受过难，好事开了头才会发展，再渐渐到高潮就是成功了。

相反，一个人怕难怕苦注定会一无所成。从古到今每一个成功者的背后都有自己默默忍受的苦和难。

例如，经商开头难。生意一开始不红火，也要坚持做下去，寻求更好的方式方法赢得信赖和声誉。大家都知道你了，生意慢慢就好干了。

再如，学开车时开头也难。刚开车时，往往不知怎么操作，手忙脚乱的。记住了挂挡、踩油门，踩上油门却忘了松离合，松了离合又忘了踩油门，踩上油门又忘了转方向盘……但别怕难，只要迎难而上，对这些都熟悉了，你就会了；初次上路心慌手忙，如果后面有人按喇叭更不知怎么开了，不要紧，只要坚持下去，慢慢就会适应的。

我们在为自己的明天努力的过程中，想要成功，想要有所得，就要勇敢地迈出自己的第一步，不要说任何停顿的理由。不要等沿途的绿灯都亮了才上路，那样将永远都上不了路，永远也得不到想要的东西。爱情这样，工作更是这样。

无论什么时候，当我们想要得到一些什么时，就要像小时候学走路一样，要勇敢地迈出第一步，敢于突破第一道防线。第一步是最关键也是最困难的一步。因为，当准备迈出第一步时，我们并不知道接下来会发生什么，但当努力迈出了第一步，接下来的动作随着环境、时间、思维等等的变化自然而然地也就形成了，经过一段时间对这个技能或事情的熟悉、了解、适应、思考、创造，慢慢地就有了第二步、第三步、第四步、第五步……最后，我们也就拥有了理想中的技能或成就。记住：只有勇敢地迈出第一步，才是努力的开始。

在努力的同时要敢于冒险

如果一件事情有了 100% 的把握再去做，那么我们连入局的机会都没有；如果有 50% 的把握去做，也许还有一半的机会；而在有 30% 把握的时候就去干，那么我们就会有百分之百的机会。因此，无论是创业还是干事，都需要有敢于冒险的精神。敢于冒险，我们才会有收获的机会。

一个人要想做好一件大事，在努力的同时必须要有敢于冒险、当机立断、马上行动的勇气与胆略。这样就没有什么可以阻止你去做你想做的事，实现你想实现的目标。

在想要做一件事情时，努力是必需的，但我们在努力的同时还要有该出手时就出手的勇气，而不要被恶劣事务所唬住，记住：战胜"恶魔"首先要战胜自己。

汉明帝时，班超奉命带领 36 人去西域鄯善国，谋求建立友好邦交关系。

刚到该国，鄯善国王对汉朝使团十分恭敬殷勤，但几天之后，态度突然就变了，变得越来越冷漠。班超警觉起来，派人一打听才知道，原来是匈奴的一个 130 多人的使团正在暗中加紧活动，向鄯善国王施压，欲把鄯善国拉向北方。

形势十分严峻，班超对大家说："现在匈奴使团才来了几天，鄯善国王就对我们逐渐疏远了，倘若再过几天，匈奴把他彻底拉过去，说不定会把我们抓起来送给匈奴讨好。到那时，我们不但完不成使命，恐怕连性命都难保！怎么办呢？"

"生死关头，一切全听您的。"随从们态度坚定，但也表示出担心，"我们毕竟只有 36 人，我们能怎么办呢？"

班超斩钉截铁地说："不冒危险，就不能成事。今天夜里就行动，以迅雷不及掩耳之势，一举消灭匈奴使团。唯有如此，才有可能使鄯善国王诚心归顺我们汉朝。"

当天深夜，班超带领 36 个人，借着夜色掩护，悄悄摸到匈奴人驻地，对 130 多人的匈奴使团、几倍于自己的敌人，毅然发动了袭击，并一举歼灭了他们。

第二天早晨，班超捧着匈奴使者的头去见鄯善国王，国王大惊失色。

匈奴使者被杀，鄯善国王已经不可能再和匈奴人和好，于是，只好同意和汉朝永结友好。

其实看似最危险之处，也许就是最安全之处，看似最强大之处，也许却是最薄弱之处，事物规律并非我们预料的那样，往往有它自己特殊的一面。

李梅，也是一个在努力的过程中敢于冒险的成功者。

1995 年，李梅想在北方种植南方的甘蔗。这个决定让她身边的许多人都不敢相信，甘蔗属亚热带植物，自古就有"蔗不过江"的传说。北方人都比较喜欢吃甘蔗，但是，必须年年从南方运过来。李梅决定先找一片实验田试种甘蔗。起先，她从外地带回几十根甘蔗种，用地膜温棚试种，并小心地侍养着。她的这一大胆的冒险，不但让附近的村民们认为不可能，就连一些老人也觉得不能成功。面对别人的议论，李梅并没有放弃，而是更精心地去实验，她坚信只要保证足够的温度和光照，甘蔗就一定能长出来。果然，她的付出没有白费，10 月份她的甘蔗长了 3 米多高，她的实验成功了。

第二年，她开始扩大种植规模，并取得了满意的成绩。

1999 年，李梅把种植面积扩大到 360 亩，仅一年，她就净赚了 20 多万元钱。到 2003 年的时候，她的年收入已达到了 50 万元之多。

短短几年，从一无所有到年收入 50 多万元，是李梅努力付出、敢于冒险的行动获得的。

作为普通人来说，只做自己有把握的事情无可厚非，可是，在竞争激烈的今天，如果只敢做人人都有把握做的事情，要想取得高人一筹的成就无疑只能是雾里看花，水中望月。一个四平八稳，凡事都不出格，对可能存在的风险避之不及的人无论再怎样努力都是不可能会取得很大的成就的。

在遇到挑战时，如果我们勇于冒险求胜，那么，我们就能比想象的做得更多、更好。在经历风险的过程中，就能使自己的平淡生活变成激动人心的探险经历，这种经历会不断地向你提出挑战，不断地奖赏你，也会不断地使你恢复活力。

许多年前，有一个年轻人离开故乡，开始逐寻自己的梦想，开创自己的前途。动身前，他去拜访本族的族长，请求指点。他说"我的一生不能平庸，我不愿与草木同行，我要与日月同辉，我要建立丰功伟绩，我该如何去做？"老族长正在练字，他听说本族有位后辈开始踏上人生的旅途，就写了三个字——"不要怕"，送给这位后辈。然后抬起头来，望着年轻人说："孩子，一生的秘诀只有六个字，今天先给你三个，供你半生受用。"年轻人带着这三个字和自己的梦想开始了他的人生旅程。

10年后，这个年轻人已建立了自己的商业帝国，取得了巨大的成就。他回到了故乡，他决定再次去拜访那位族长。可他到了族长家里才知道，老人家几年前已经去世了，族长的家人取出一个密封的信封对他说"这是族长生前留给你的，他说有一天你会再来。"年轻人拆开信封，里面赫然写着三个大字——"不要悔"。

综上所述，如果人人在努力的过程中都不敢去冒险、去尝试的话，那么，我们今天的世界就不可能如此丰富多彩。爱迪生如果没有冒险精神，人类的夜晚也许还是一片黑暗；科学家如果没有冒险精神，火箭就不能上天；登山者如果没有冒险精神，人就不能登上珠穆朗玛峰。想要做一件大事，我们应该具有在努力中敢于冒险的品质。

别为拖延找借口

阻碍行动的，往往是心理上的障碍和思想中的顽石，而不是事情本身有多么困难。记住：没有行动，一切想法都是空谈，拖延时间更会使人止步不前，事情丝毫没有进展。相反，如果认为一件事情值得去做，不拖延时间，并且立刻行动，那么就能够做好自己想要做的事。

在日常生活和工作中，我们随时可以看到很多"行动的矮子。"虽然他们的想法有很多，但总是不见其行动，他们要么是武断地认为某件事根本不可能有结果，要么就说行动的时机还没有来临，总之，他们会为自己的拖延找到千百种借口。

拖延是一种恶习，这种恶习，会给我们的工作、生活增加沉重的负担。一件事，如果一天没有把它解决掉，拖了十天，每天都要惦记这件事，这件事就变成了十件事，如果每天脑子里都有一堆该完成而没有完成的事，想象一下这样的生活对一个人来说该是多么混乱。正如哲人所说的那样"拖延并不能使问题消失，也不能使解决问题变得容易起来"或"我们没解决的问题，会由小变大、由简单变复杂，像滚雪球那样越滚越大。"即使不会越来越难，也常常会打乱其他的工作、学习、生活计划，甚至还会影响到一个人的诚信问题，忠诚和敬业随之而来也都被掩盖在拖延之下，而且，没有任何一个人会为你承担拖延的损失，任何损失，只能由自己来承担。

张三在上班途中，信誓旦旦地下定决心，一到办公室即着手草拟下年度的部门预算。他于九点整准时走进办公室，但他并没有立刻开始预算草拟工作，因为他突然想到不如先将办公桌及办公室整理一下。他花了三十分钟的时间，使办公环境变得有条不紊。接下来，他面露得意地随手点了一支香烟，稍作休息。此时，他无意中发现报纸上的彩图照片是自己喜欢的一位明星，于是又情不自禁地拿起了报纸。

等他把报纸放回报架，时间又过了十分钟。这时，他才开始感到有些不自在了，因为自己预定的时间已经不是很多了，于是他正襟危坐地准备埋头工作。就在这个时候，电话声响了，是一位顾客的投诉电话，他连解释带赔罪地花了二十分钟的时间才说服对方平息了怒气。挂上了电话，他去了洗手间。在回办公室的途中，他又闻到咖啡的香味，另一部门的同事正在享受"上午茶"，邀请他加入。

他心里想，刚费心思处理了投诉电话，一时也进入不了状态，而且预算的草拟是一件颇费心思的工作，头脑不清醒，则难以完成，于是，他便毫不犹豫地应邀加入了。回到办公室后，他感到精神奕奕，满以为可以开始"正式工作了"——拟定预算，可是，一看表，乖乖，已经十点四十五了！距离十一点的部门例会只剩下十五分钟。他想，反正在这么短的时间内也不太适合做比较庞大耗时的工作，干脆把草拟预算的工作留待明天算了。

"明日复明日，明日何其多；我生待明日，万事成蹉跎。"张三身上有着许多拖延者的影子。养成这种拖延的恶习，终将办不成大事。

拖延的代价对于我们来说，是巨大的。莎士比亚曾说"放弃时间的人，时间也会放弃他。"如果放弃了自己的时间，那么这样的结果就是无限制的恶性循环，如果不懂得及时醒悟，后果其实每个人心里都十分清楚。

一位人力资源经理，在新到一个公司时，大谈特谈公司的岗位职责和管理制度是如何不够规范，并且信誓旦旦地要为所在的公司建立起一套规范的管理制度，但事隔一年，他还没有建立起来。高层领导为此十分不满，问其原因，他说自己每天都被陷在一些人员招聘和劳动纠纷处理的事务当中，根本没有时间去考虑制度化建设。这种毫无理由的借口，使他一时失去了他的职务。

拿破仑·希尔说："不管我们是谁，或者我们从事何种职业，我们都是自身习惯的受益者或受害者。"这句话在实践中被千百万人所验证，而且每一个人在今后的人生道路上还将继续验证并体会其中的深意。我们将来会获得怎样的成就，是否会拥有巨大的财富，我们的朋友是否真心对待自己……所有这些结果，都由自己种下的种子来决定。

故事中的人力资源经理，可以说，他希望自己的工作有所作为，有所成绩，但就是因为形成了懒惰的心理，从而也就开始拖延起来。要知道，要想让自己的计划得以实现，就必须通过努力来提高自己的行动力。

因此，无论是经商或是工作或是做其他事情，都应以"凡事拒绝拖延，现在开始行动"这句话随时地提醒自己。特别是当有一件事情终究得我们去做的时候，更不应该再反复地问自己："我要做它吗？"因为这个问题的答案已经是确定的，我们当下应该做的事情就是将决定要完成的期限写在笔记簿上，然后通过努力使自己准时地去做到它。这样一来，拖延的习惯被克服了，而且还提高了自身的行动能力。

追求梦想切勿急功近利

欲速则不达。做一件事，为了摆脱眼前的状况，不顾未来的利益；为了求得一时的痛快，而以长远的痛苦为砝码，这是得不偿失的。只有不急功近利，既着眼未来，又脚踏实地，才是最有效、最睿智的做事方法和成功法则。

俗话说："不想当将军的士兵不是好士兵。"的确，向往成功、追求发展是每个人的目标。可是，追求发展并不只在于"敢于追求"，还必须要建立在自身能力的基础之上。许多人在努力追求梦想的过程中，为了能够迅速攀到"顶峰"，常常会产生一种急功近利的错误想法，在这种想法的指导下，再多的努力往往都事与愿违。

有很强的行动力固然是值得夸赞的，但切勿急功近利，否则，最后只能是碰壁。

很多职场新人刚刚进入职场，就开始抱怨，总觉得单位对自己重视不够，在很多方面没有为自己着想。自恃各方面的条件不错，在薪酬、工作环境、重视程度等方面要求过高，做出了有失偏颇之举。要知道，这种以自我为中心、个人至上的思想，实际上是人为地在自己和用人单位之间设置了一道难以跨越的鸿沟。其实，作为职场新人，在强调单位对自我满足程度的同时，也要考虑一下你对单位付出了多少，为单位赢得了多少利益，你的付出是否与你得到的成正比，综合考虑之后，再提出合理的要求。千万不要急功近利，盲目攀比，陷入过分追逐升职加薪的误区。

一只海狐告诉海马，说很远的一座岛上，有一座金山。海马们立刻行动，决定去寻找那笔财富。

有一只年轻的海马，便卖了全部的家当，换来了八个金币。它觉得自己比那些老海马游得慢，就用四个金币买下鳗鱼背上的鳍。于是，它的速度比那些老海马快了许多。后来，它又看见一只快速滑行艇，又忍痛用剩余的四个金币买下了一个小艇。结果，它的速度比以前提高了许多倍。年轻的海马把同伴远远地甩在后面，它第一个看见了那座海岛。就在它即将踏上岛的时候，一条大鲨鱼突然出现在它的面前，一脸的凶相，张着大嘴，向它扑来。海马慌忙跳进海里逃命，扑腾几下后，就被鲨鱼吞进肚里。后面的海马见到此景，连忙往回游逃命，因为距离鲨鱼较远，所以得以逃生。

在追求成功的路上，要自己努力快一点、再快一点有时候是一件很危险的事情。年轻的海马就是因为太心急，太急功近利，结果失去了自己的性命。这样的努力实在是不值得。

急功近利，顾名思义是指对一时的得失看得过重，所有思路和工作都围绕着一个近期的目标，为了眼前的利益而忽略或者是放弃了长久的利益。

有一个农夫，在地里种下了两粒种子，很快它们变成了两棵同样大小的树苗。第一棵树在一开始就决心长成一棵参天大树，所以它拼命地从地下吸收养料，储备起来，用以滋润自己的每一个细胞，盘算着怎样向上生长，完善自身。由于这个原因，在最初的几年，它并没有结出果实，这让农夫很恼火。相反，另一棵树同样也拼命地从地下吸取养料，打算早一刻开花结果，并且它做到了这一点。这使农夫很欣赏它，并经常浇灌它。

时光飞转，那棵久不开花的大树由于身强体壮，养分充足，终于结出了又大又甜的果实；而那棵过早开花结果的树，却由于还未成熟，便承担了开花结果的任务，所以，结出的果实苦涩难吃，并不讨人喜欢，并且自己也因此累弯了腰。农夫诧异地叹了口气，只能用斧头将它砍倒，当柴烧了。

一个人在努力做事时急于求成的结果，最终只能是以失败而告终。所以，在努力行动的同时，还需要把眼光放远，只有注重自身知识的积累，厚积薄发，到时好的结果自然而然地才会水到渠成。

周大福珠宝、香港会议展览中心、香港君悦酒店、北京新世界中心，这些看似毫无联系的名词却与一个人的名字有关，那就是郑裕彤。

从金铺打工少年到香港新世界集团创始人，郑裕彤被称为香港的超级富豪。很多人都说他是运气好，他自己却说是勤奋。郑裕彤到底是怎样把自己的事业做得如此不凡呢？

从 20 世纪 50 年代起，郑裕彤就小试牛刀，陆续投资跑马地的蓝塘别墅和兴建香港大厦，并打下了大规模发展的基础。20 世纪 70 年代，郑裕彤开始在地产业中放手拼搏。首先他在尖沙咀兴建香港新世界中心。20 世纪 80 年代，他又投资兴建香港会展中心。

看到新世界旗下的酒店和国际会议展览中心为郑裕彤带来的巨额财富，很多人都说，郑裕彤的成功是胆大、冒险、快速赚钱，但是郑裕彤却并不这样认为，他说："我不喜欢立刻就能赚钱，而且赚得很多的项目。越赚得快的钱，风险越大，这是一定的"，"我做每一件事都是看透了才去做的，不是急功近利的。"

郑裕彤的成功，理所应当。不急功近利，看透了才去做，这样的人一定会把小事做大，大事做强。

在努力发展的过程中，急于求成的心情是可以理解的，急于求成的愿望也是善良的，甚至急于求成的方法也是负责任的，但是，一定要清楚这样一个道理，那就是：急于求成的结果并不是好的。努力中急于求成会使人犯急躁冒进的毛病，还可能会做出违背规律的事情。记住，无论在何种情况下，目标需要行动，但不能急功近利。只有这样，每一天的努力才会有收获和进步。

第6章

打开自己人生的局面

用积极的心态去生活

　　心态能使你成功也能使你失败，不要因为你的心态而使你成了一个失败者。成功是由那些抱有积极心态并付诸行动的人所取得的。同一件事抱有两种不同的心态其结果则相反，心态决定人的命运。

　　一个人要想打开自己人生的局面，必须要了解自己，战胜自己。要做到这两点，必须靠积极的心态去生活，不能用消极的情绪度过每一天。清晨，当你睁开眼睛时，你是否经常如此想过：人活着是一件多么美妙之事！又一个多么愉快的早晨！我从未感到如此开心！我想今天一定会是美好的一天。

　　找回自己小时候那种吹口哨的心情，使之成为你此刻的生活态度。找回那种内心深处完全自然、毫不做作的乐趣。其实，真正的乐趣并不是表面上的或随时可见的，而是一种发自内心的感觉。你是因你的处境和你所做的事而感到深深的幸福。如果你暗中注意这种人，就可以发现他们总是在唱歌或吹口哨。

　　一个晴朗的星期天下午，一位先生和他的太太露丝还有小女儿丽莎一起去散步。他们在一起很快乐，玩得很开心。他们沿着公园走着，步履轻快，挺胸抬头，兴致高涨。"抬头挺胸走路真有趣！"他们齐声说。

　　他们走了约一里多的路，觉得全身舒畅，充满活力。当他们走过第五大街上的莱特大厦和古根汉姆博物馆时，丽莎说："看，多美啊！"以前，这位先生从没想过这些建筑物有多特别，丽莎一说，他便抬头又看了一次，这时，他才真正了解伟大的建筑师莱特注入在这个建筑中的人生乐趣。它高高的尖顶直入云霄，真正传达着一种振奋、快乐。他第一次觉得开始喜欢上它了，而这可能是他当时的一种发自内心的感觉。

这正是积极心态的关键所在。其实，万物早已存在，当你觉得心情舒畅时，你会情不自禁地表现出快乐的神情，同时会欣赏万物，心中的幸福感会油然而生。心理学家亨利·C·林克博士说，当他看到病人沮丧时，他会要病人先沿着街道快步疾走一番。"快快地走，绕街道走十圈。这样走动可以锻炼大脑的活动中心，使你的血液从情绪中心流泻出去。而当你走回来后，你会变得较理性，而且比较能接受积极思想。"

你的身体健康状况与你是否能享受生活有关系。当你精神振奋，心境开阔，容光焕发时，生命也便呈现出新的意义。适量地运动及休息，是心情愉悦的必要因素。

所以，要获得人生深度的乐趣，首先要感觉正确。而要想让自己的感觉正确，必须好好对待自己的身体。

其次是要思想正确。要好好对待自己的心灵，积极地思考。一个积极思考者常会有意识地使自己保持心情愉悦。你期望快乐，便会找到快乐。你寻找什么，便会发现什么。这是人生的基本法则。开始找寻快乐吧，你一定不会失望的。

凡是能往前看的人，期待将会发生伟大事情的人，他们一定是幸福快乐的人。

决定一个人是否快乐的是一种心态。你的内心状况决定你的快乐、积极，还是悲观、消极。安东尼奥斯说过："如果一个人不认为自己是快乐的，他就不可能快乐。"菲尔普斯也说："世界上最快乐的人是那些具有有趣想法的人。"

因此，如果你不快乐，你必须先对你的思想来一次彻底的改造，进而才能彻底享受人生的乐趣。如果你的心中充满了愤懑、怨恨、自私或者灰色思想，当然，一切快乐的光芒便无法穿越。你需要改变精神生活，采用另一种积极向上的态度，然后，才能真正获得人生的乐趣。

有些人也许会问："老天生来就待我不公，我生下来就有生理缺陷，那我该怎么办呢？"如果你属于这类"不幸者"之列，那就想想海伦·凯勒的人生经历吧！还有谁能比一个又聋、又哑、又瞎的女孩更为不幸的呢？可她成了美国著名的作家。

　　不论你在生理上是否有残疾，不论你是儿童还是成人，从历史上的一些成功人士身上，你都能从中得到以下启示：

　　·那些能够产生热烈的愿望以达到崇高目标的人，才能走向伟大。

　　·那些积极的心态不断努力的人，才能取得并保持成功。

　　·在人类的任何活动中，要变成一个成熟的成功者，就必须实践、实践、再实践。

　　·当你确定了特殊目标时，努力和劳动就会变成乐事。

　　·对那些被积极的心态所激励，要成为成功者的人来说，伴随着任何逆境，都会同时产生一粒等量或更大利益的种子。

　　要学习和应用这些原则，将那不可见的法宝上印有"积极心态"字样的那一面翻上来。

　　亨利写过这样的诗句："我是命运的主人，我主宰自己的心灵。"

　　是的，只有你才是自己命运的主人，只有你才能把握自己的心态，而你的心态塑造着自己的未来，这是一条普遍的规律。我们能够把扎根于人的心灵中的思想和态度转化成有形的现实，不管这种思想和态度是什么。我们能很快把贫穷的思想变成现实，也同样能很快把富裕的思想变成现实。

　　一个人的能力有大有小，我们不是万能的，所以要允许自己有所不能。对能力之内的事就全力改变它，对能力之外的事就全然接受它，解决完美主义要从提高自信开始，而自我接受尤其是接受自己的缺陷和不足便是自信的开始。在另外一种意义上，不完美可能才是真正的完美。

心理暗示决定行为

伟大的物理学家普朗克曾这样描绘他最初被物理学吸引的时刻：

他的一名教师这样表达了能量守恒定律："一个泥水匠辛辛苦苦地把一块沉重的砖头搬上了屋顶，他扛砖时的功并没有消失，而是原封不动地贮存了起来。"

"很多年后，直到有那么一天，这块砖松动了，它贮存了多年的功出现了，以至于它落在了下一个人的头上。"

枯燥的、易令人乏味的物理学的世界由此而变成了一种由神秘的法则笼罩着的令人惊惧、震颤、兴奋和向往的世界。

某种可喜的才能，某种幸福的机会，可以形成某一些人上升的梯子的两侧，但是那梯子的横级必然是用禁得住摩擦和牵扯的东西做成的；没有东西可以替代彻底、热情、诚恳。

自古以来，不知有多少思想家和教育家一再强调工作中激情的重要性。但他们都没有明确指出：激情是一种心理状态，是一种可以用自我暗示诱导和修炼出来的积极的心理状态！

成功始于觉醒，心态决定命运！这是今天的伟大发现，是成功心理学的卓越贡献。成功心理、积极心态的核心就是主动意识，或者称作积极的自我意识，而主动的来源和成果就是经常在心理上进行积极的自我暗示。反之也一样，消极心态，就是经常在心理上进行消极的自我暗示。就是说，不同的意识与心态会有不同的心理暗示，而心理暗示的不同也是形成不同的意识与心态的根源。所以说心态决定命运，正是以心理暗示决定行为这个事实为依据的。

星期天，你本来约好和朋友出去玩，可是早晨起来往窗外看，下雨了。这时候，你怎么想呢？你也许想：糟糕！下雨天，哪儿也去不了，闷在家里真没劲；如果你想：下雨了，也好，今天在家里好好读读书，听听音乐——这两种不同的心理暗示，就会给你带来两种不同的情绪和行为。

我们多数人的生活境遇，既不是一无所有，一切糟糕；也不是什么都好，事事如意。这种一般的境遇相当于"半杯咖啡"。你面对这半杯咖啡，心里产生什么念头呢？消极的自我暗示是为少了半杯而不高兴，情绪消沉；而积极的自我暗示是庆幸自己已经获得了半杯咖啡，那就好好享用，因而情绪振作，行动积极。

由此可见，心理暗示这个法宝有积极的一面和消极的一面，不同的心理暗示必然会有不同的选择与行为，而不同的选择与行为必然会有不同的结果。有人曾说："一切的成就，一切的财富，都始于一个意念。"我们还可以再说得浅显全面一些：你习惯于在心理上进行什么样的自我暗示，就是贫与富、成与败的根本原因。因而，发展积极心态，走向成功的主要途径是：坚持在心理上进行积极的自我暗示，去做那些你想做而又怕做的事情，尤其要把羞于自我表现，惧于与人交际，改变为敢于自我表现，乐于与人交际！

每个人都带着一个看不见的法宝。这个法宝具有两种不同的作用，这两种不同的力量都很神奇。它会让你鼓起勇气，抓住机遇，采取行动，去获得财富、成就、健康和幸福；也会让你排斥和失去这些极为宝贵的东西。这个法宝的两面就是两种截然不同的心理上的自我暗示，关键就在于你选择哪一面，经常使用哪一面了。

一个孩子，家境贫寒，生活窘迫，不得不经常拾煤块、捡破烂，因而有些同学就看不起他。放学以后，常有三个爱欺负人的孩子袭击他，以此取乐。他每次受到惊吓或是挨了打骂，只有流着泪回家，感到恐惧和自卑。后来，他读了一本书《罗伯特的奋斗》，内心受到启发和鼓舞。他在心理上进行了积极的自我暗示，决心拼命战斗，打败对方。这天放学的路上，他又遇到那三个恃强凌弱的孩子。那三个孩子一起喊叫着冲向他，他这回不是逃跑，更不是害怕求饶，而是挺身迎战，一鼓作气和他们打。这是一场恶战。他打倒了一个，另一个见势不妙逃跑了，领头的那个也只好退却了。从此，那三个孩子再也不敢欺负他了。实际上，他不比几个月前强壮多少，攻击他的三个孩子也没有变得虚弱，前后差别的只是他的心理上的自我暗示不同。他改变了自己的心理态度，也就改变了他的命运。

坚持心理上积极的自我暗示，对个人获得成功是非常重要的。

第一，通过心理暗示的作用，把树立成功心理。发展积极心态这个总原则变成了可以具体操作的方式和手段了。就是说，转变意识、发展积极心态，就要从心理上的自我暗示做起。

第二，心理暗示是人的自我意识中"有意识"和潜意识之间的沟通媒介。人的思想行为不可能一切都要有意识地选择和控制，通过经常持久的积极暗示，让自信主动的电流与潜意识接通，这才是真正的具有巨大魔力的自我意识。

第三，由于心理暗示的内容是具体的、实际的，所以坚持积极的自我意识也就必然要选择确立自己的目标将渗透在潜意识中，作为一种模型或蓝图支配你的生活和工作。

第四，通过心理暗示这个具体实际、可以操作的环节，我们能把内容复杂的成功心理学融会贯通，化作简单明确而又坚定不移的信心和意志，并且可以立刻行动。

正因为心理暗示能够直接支配影响你的行动，所以，"工作激情决定你有无发展，能否成功"这句话就变得更加实在了。

保持良好的心境

好情绪应当控制在一定范围内，不多不少才能让生活更积极，更丰富。另一方面，坏情绪也不一定真的坏，它能让你保持一定的适应性和警惕性。一味索求好情绪，或者排斥坏情绪，都不利于心理健康。"知足常乐"是好事，可是"常乐"的状态会导致生活逐渐丧失界限，过于松垮，从精神状态影响到身体状态，适度的压迫感让我们更有决策力。太平静的生活会泯灭活力，影响健康，让生活变没趣。在适当的时候，让情绪出来放放风吧！情绪健康，需要心境收支平衡。

自我心境的描绘是我们对"我是什么样的人"的认识，是从我们对自己的"信念"中建立起来的。但是大部分的信念都是从无意中得来的，我们过去的经验、我们的成功或失败、我们的委屈、我们的得意，以及别人对我们的态度，尤其以幼年的经历影响最大。这一切构成我们的"自我"。自己的观念一旦融入这种心境，就会变得很真实，我们不考虑它的对错，把它当作真的一样奉命行事。

良好心境是开启新生活的金钥匙。

你所有的行动、情感、行为以至于能力，都与自我相一致。

简言之，你的言行正像你自己以为的那种人，不仅如此，你还真无法表现出别的行为来呢。自认为"处处倒霉的人"，即使有高尚的目标和坚强的毅力，即使好机会迎面而来，最后都有可能会失败。

例如，一个学生自认为功课很差，或"数学很糟糕"，他的成绩单一定可以证明他想得不错。如果一个少女认为没有人喜欢她，学校开舞会时真的就没有人会邀请她，她的愁眉苦脸、她的自卑模样、她对于别人的巴结和对于可能冒犯她的人所表现的敌意，把人统统吓跑了。同样地，一个推销员的遭遇也会"证明"他的自我心境是良好的。

由于这种客观事实的"证明"，一个人根本想不到是他自己的看法在作祟。如果你告诉一个学生，他只是"自认为"学不好代数，他会说你是神经病，因为他努力了几次，成绩仍然不佳。如果你告诉一个推销员，是他自认为达不到业绩，他会拿订单证明给你看他多努力，最后却还是失败。但是当他们改变他们的自我心境后，学生的成绩会进步神速，推销员的业绩也会奇迹般地直线上升。

自我心境可以改变。无数的事例都体现了这一事实。积极的心态导致积极的思维和行为，而积极的思维和行为必然养成积极的心态。

曾在一本书上看过这样一个故事：

有一个法国人，42岁了仍一事无成，他自己也认为自己倒霉透了：离婚、破产、失业……他不知道自己的生存价值和人生的意义。他对自己非常不满，变得古怪、易怒，同时又十分脆弱。有一天，一个吉普赛人在巴黎街头算命，他随意一试……

吉普赛人看过他的手相之后，说："您是一个伟人，您很了不起！"

"什么？"他大吃一惊，"我是个伟人，你不是在开玩笑吧？"

吉普赛人平静地说："您知道您是谁吗？"

"我是谁？"他暗想，"是个倒霉鬼，是个穷光蛋，是个被生活抛弃的人！"

但他仍然故作镇静地问："我是谁呢？"

"您是伟人，"吉普赛人说，"您知道吗，您是拿破仑转世！您身上流的血、您的勇气和智慧，都是拿破仑的啊！先生，难道您真的没有发觉，您的面貌也很像拿破仑吗？"

"不会吧……，"他略带迟疑地说，"我离婚了……我破产了……我失业了……我几乎无家可归……"

"嗨，那是您的过去，"吉普赛人只好说，"您的未来可不得了！如果先生您不相信，就不用给钱好了。不过，5年后，您将是法国最成功的人啊！因为您就是拿破仑的化身！"

法国人表面装作极不相信地离开了，但心里却有了一种从未有过的伟大感觉。他对拿破仑产生了浓厚的兴趣。回家后，就想方设法找与拿破仑有关的一切书籍著述来学习。渐渐地，他发现周围的环境开始改变了，朋友、家人、同事、老板，都换了另一种眼光、另一种表情对待他。事业也开始顺利起来。

后来他才领悟到，其实一切都没有变，是他自己变了：他的胆魄、思维模式都在模仿拿破仑，就连走路说话都像。

13 年以后，也就是在他 55 岁的时候，他成了亿万富翁，他就是法国赫赫有名的成功人士——威廉·赫克曼。

良好的自我心境是一种前提、一种基础或根基，你整个人格和行为，甚至于四周的环境，都根据它而建立。所以我们的经验才会得到证实，形成一种良性的循环。那些过去处处碰壁的人，也可经由改变自我心境而获得成功。这就要求他更乐于接受自己，体会到成功的经验而快乐地生活。

快乐一时容易，可让心情一直保持健康却不简单。规律的有氧运动能让肌体充满活力，刺激心脏血液循环，身体好，心态就好，让我们在面对喜怒时，有更平和的心态，也能在平淡的生活中，将一点点乐事成倍放大，将一点点不如意发泄殆尽。多运动，生活中美好的能量更容易摄入到你的身体中，周而复始良性循环。

将弱点转化为力量

如果希望保持心态，就一定要明白心态背后面的心智模式。从心智模式上面来改变心态，是心态保持的秘密。你总会听到很多人说，很多东西都是互通的。也就是说，程序都一样，只是运作的内容不同而已，但是这个程序到底是什么呢？心智模式就是关于知识的知识，关于智慧的智慧。

一个具有积极心态的人绝不是一个懦夫。他相信自己，相信生命，相信人类。他了解自己的能力，一点也不畏惧，能永远立于不败之地。他会从所发生的一切事情中掌握对自己最有利的结果。他所坚持的原则是，不断地将弱点转化为力量。

每个人都有弱点，如果这些弱点得不到克服，就不会做好事情。这就要看你的心态怎样？如果你保持积极的心态，掌握了自己的思想，并引导它为你明确的生活目标服务的话，你就能享受到下列良好的结果：

1. 为你带来成功环境的成功意识；

2. 生理和心理的健康；

3. 独立的经济；

4. 出于爱心而且能表达自我的工作；

5. 内心的平静；

6. 没有恐惧的自信心；

7. 长久的友谊；

8. 长寿而且各方面都能取得平衡的生活；

9. 免于自我设限；

10. 了解自己和他人的智慧。

相反，如果你抱有一种消极心态，而且使之渗透到你的思想之中，影响你的工作和生活，你将会尝到下列后果：

1. 贫穷与凄惨的生活；

2. 生理和心理的疾病；

3. 使你变得平庸的自我设限；

4. 恐惧以及其他破坏性的结果；

5. 限制你帮助自己的方法；

6. 敌人多，朋友少；

7. 产生人类所知的各种烦恼；

8. 成为所有负面影响的牺牲品；

9. 屈服在他人的意志之下；

10. 过着一种毫无意义的颓废生活。

既然如此，那么你是选择积极的还是消极的心态？如果你不选择前者，并且紧紧地抓住它，后者就会被迫自动送上门来，二者之间没有任何妥协。那么，你必须在两者中选择其一。

也许有人会反驳说："事实果真如此吗？我一生中就碰到过许多困难与挫折，每当这些时候，我也读过不少积极心态的书，可是仍解决不了问题。"也许还有人会说："是的，我也认为那一套没用。我的事业正陷入低潮，我也试过积极心态这一招，但我的生意依旧毫无起色。积极思想无法改变事实，要不然我怎么还会遇到失败呢？如果你不承认这一点，那你就像鸵鸟一样，只顾把头埋在沙堆里，不肯面对现实罢了。"

如果你也如此认为，如果你也对积极心态的力量持一种否定与排斥的想法，那说明一点，你并不完全真正了解积极心态力量的本质。一个心态积极的人并不会否认消极因素的存在，他只是学会不让自己沉溺其中。积极心态要求你在生活中的一时一事中学会积极的思想，积极思想是一种思维模式，它使我们在

139

面临恶劣的情形时仍能寻求最好的、最有利的结果。换句话说，在追求某种目标时，即使举步维艰，仍有所指望。事实也证明，当你往好的一面看时，你便有可能获得成功。积极思想是一种深思熟虑的过程，也是一种主观的选择。

著名心理学家威廉·詹姆斯说过：

"世界由两类人组成：一类是意志坚强的人，另一类是心志薄弱的人。后者面临困难挫折时总是逃避，畏缩不前。面对批评，他们极易受到伤害，从而灰心丧气，等待他们的也只有痛苦和失败，但意志坚强的人不会这样。他们来自各行各业，有体力劳动者，有商人，有母亲，有父亲，有教师，有老人，也有年轻人，然而内心中都有股与生俱来的坚强特质。所谓坚强的特质，是指在面对一切困难时，仍有内在勇气承担外来的考验。"

在纽约附近一个小镇，镇上有一位名叫吉姆的男孩，他十分可爱，也是位真正的男子汉，一个真正意志坚强的人。他是个天生顶尖的运动好手。不过在他刚入中学不久腿就瘸了，并迅速恶化为癌症。医生告诉他必须动手术，他的一条腿便被切掉了。出院后，他挂着拐杖返回学校，高兴地告诉朋友们，说他将会安上一条木头做的腿，"到时候，我便可以用图钉将袜子钉在腿上，你们谁都做不到。"

足球赛季一开始，吉姆立刻回去找教练，问他是否可以当球队的管理员。在练球的几星期中，他每天都准时到球场，并带着教练训练攻守的沙盘模型。他的勇气和毅力迅即感染了全体队员。有一天下午他没来参加训练，教练非常着急。后来才知道他又进医院做检查了，并得知吉姆的病情已恶化为肺癌。医生说："吉姆只能活六周了。"

吉姆的父母决定不要将此事告诉他。他们希望在吉姆生命最后的时期，能尽量让他正常地过日子。所以，吉姆又回到球场上，带着满脸笑容来看其他队员练球，给其他队员加油鼓励。因为他的鼓励，球队在整个赛季中保持了全胜的纪录。为庆祝胜利，他们决定举行庆功宴，准备送一个全体球员签名的足球给吉姆。但是餐会并不圆满，吉姆因身体太弱没能来参加。

几周后，吉姆又回来了。他这次是来看篮球赛的。他脸色十分苍白，除此之外，仍是老样子，满脸笑容，和朋友们有说有笑。比赛结束后，他到教练的办公室，整个足球队的队员都在那里。教练还轻声责问他："怎么没有来参加餐会？""教练，你不知道我正在节食吗？"他的笑容掩盖了脸上的苍白。

其中一位队员拿出要送他的胜利足球，说道："吉姆，都是因为你，我们才能获胜。"吉姆含着眼泪，轻声道谢。教练、吉姆和其他队员谈到下个赛季的计划，然后大家互相道别。吉姆走到门口，以坚定冷静的目光回头看着教练说："再见，教练！"

"你意思是说，我们明天见，对不对？"教练问。

吉姆的眼睛亮了起来，坚定的目光化为一种微笑。"别替我担心，我没事！"说完话，他便离开了。

两天后，吉姆离开了人世。

原来吉姆早就知道他的死期，但他却能坦然接受。这说明他是一个意志坚强、积极思考的人。他将悲惨的事实转化为富有创意的生活体验。或许，有人会说，他还是死了，积极思想最终也未能帮他多少忙，这并不完全对。至少吉姆知道凭借信仰的力量，在最坏的环境中创造出令人振奋而温暖的感觉。他不像鸵鸟般将头埋进沙堆，逃避事实。他完全接受了命运，但决定不让自己被病痛击倒，他从未被击倒过。虽然他的生命如此短暂，他仍把握它，把勇气、信仰与欢笑永远留在他所认识的人们心中。一个能做到这一点的人，你还能说他的一生失败了吗？

这就是积极心态的力量，这便是意志坚强，这便是拒绝被打败，这也就是尽你一生所有勇敢面对人生。

一个具有积极心态的人绝不是一个懦夫。他所坚持的原则是，不断地将弱点转化为力量。

在今天这个变化多端的世界，我们最大的危险不是外界的压力与竞争，而是我们内心的模式，这些模式决定我们看到些什么，感受到些什么，如何思考以及最终成为怎么样的人。

不找失败的借口

无论是"蚁族"还是"蜗居"者都应该明白，每一代年轻人都有每一代年轻人的挑战。

如果从挑战、困惑角度来说，每一代年轻人都无法说谁更苦。每一代年轻人都这样，这是青春该有的东西，没什么可抱怨的。

除了生命本身，没有任何才能不需要后天的锻炼。如果你不找失败的借口，失败并不足惧。着手去做吧！不要拖延，现在正是振作的时候。

几年前在俄克拉荷马州的土地上发现了石油，该地的所有权属于一位年老的印第安人。这位老印第安人终生都在贫穷之中，一发现石油以后，顿时变成了有钱人，于是他买下一辆卡迪拉克豪华旅行车，他买了一顶林肯式大礼帽，打了蝴蝶领带，并且抽了一根黑色大雪茄，这就是他出门时的装备。每天他都开车到附近的小俄克拉荷马城。他想看每一个人，也希望被每个人所看到。他是一位友善的老人，当他开车经过城镇时，会把车一下子开到左边，一下子又开到右边，来跟他所遇见的每个人说话。有趣的是，他从未撞过人，也从未伤害人。理由很简单，在那美丽的大气车正前方，有两匹马拉着。

当他的技师说那辆汽车一点毛病也没有，这位老印第安人永远学不会插入钥匙去开动引擎。汽车内部有一匹马力，而现在许多人都误以为那汽车只有两匹马力而已。

心理学家告诉我们，世界上绝大多数人都和那辆汽车一样，我们所用的能力跟我们所拥有的能力相比，比值大约是百分之二至百分之五。

荷尔·姆斯先生曾说："人类最大的悲剧并不是天然资源的巨大浪费，虽然这也是悲剧。但最大的悲剧却是人力资源的浪费。"荷尔·姆斯先生指出，一般人在进入坟墓时，仍带着他尚未演奏的乐器。很不幸的是，所有美妙的乐章都是尚未演奏的。在一段很长的时间里，我一直认为一个人一生中可能发生的最大悲剧，是他躺在床上等死时，才得知他的土地中刚发现油井或金矿。现在我知道，一个人永远无法发现潜藏在他自己体内的那笔雄厚的财富，这才是更糟糕的事情。陆军少校华灵曾说："如果沉在海底的话，一枚硬币跟一枚值20美元的金币的价值就一样了。"只有将这些金币捞起来，并且真正去花，才显出它们价值的大小。当你学会运用自己内在无限的潜能时，你才会变得真实而有价值。

每一个人的内部都具有相当大的潜能。爱迪生曾经说："如果我们做出所有我们能做的事情，我们毫无疑问地会使我们自己大吃一惊。"从这句话中，我们可以提出一个相当科学的问题："你一生有没有使自己惊奇过？"

你有没有听过一只鹰自以为是鸡的寓言？

寓言说，一天，一个喜欢冒险的男孩爬到父亲养鸡场附近的一座山上去，发现了一个鹰巢。他从巢里拿了一个鹰蛋，带回养鸡场，把鹰蛋和鸡蛋混在一起，让一只母鸡来孵。孵出来的小鸡群里有了一只小鹰。小鸡和小鹰一起长大，因而不知道自己除了是小鸡外还会是什么。起初它很满足，过着和鸡一样的生活。

但是，当它逐渐长大的时候，它内心里就有一种奇特不安的感觉。它不时想:"我一定不只是一只鸡！"只是它一直没有采取什么行动。直到有一天，一只了不起的老鹰翱翔在养鸡场的上空，小鹰感觉到自己的双翼有一股奇特的力量，感觉胸膛里心正猛烈地跳着。它抬头看着老鹰的时候，一种想法出现在心中:"养鸡场不是我待的地方。我要飞上青天，栖息在山岩之中。"

它从来没有飞过，但是它的内心中有着力量和天性。它展开了双翅，飞升到一座矮山的顶上。极为兴奋之下，它再飞到更高的山顶上，最后冲上了青天，到了高山的顶峰，它发现了伟大的自己。

当然会有人说："那不过是个很好的寓言而已。我既非鸡，也非鹰。我只是一个人，而且是平凡的人。因此，我从来没有期望过自己能做出什么了不起的事来。"或许这正是问题的所在——你从来没有期望过自己能够做出什么了不起的事来。这是实情，而且这是严重的事实，那就是我们只把自己钉在我们自我期望的范围以内。

但是人体内确实具有比表现出来的更多的才气、更多的能力、更有效的机能，我们不妨再举个例子。

一位农夫在谷仓前面注视着一辆轻型卡车快速地开过他的土地。他14岁的儿子正开着这辆车，由于年纪还小，他还不够资格考驾驶执照，但是他对汽车很着迷——而且似乎已经能够操纵一辆车子，因此农夫就准许他在农场里开这客货两用车，但是不准上外面的路。

但是突然之间，农夫看见车子翻到水沟里去了，他大为惊慌，急忙跑到出事地点。他看到沟里有水，而他的儿子被压在车子下面，躺在那里，只有头的一部分露出水面。

这位农夫并不很高大，他只有170公分高，70公斤重。但是他毫不犹豫地跳进水沟，把双手伸到车下，把车子抬高了些，足以让另一位跑来援助的工人把那失去知觉的孩子从下面抬出来。

当地的医生也很快赶来了，给男孩检查了一遍，男孩只有一点皮肉伤，需要治疗，其他毫无损伤。

这个时候，农夫却开始觉得奇怪了起来，刚才他去抬车子的时候根本没有停下来想一想自己是不是能够抬得动，由于好奇，他就再试了一次，结果根本就动不了那辆车子。医生说这是奇迹，他解释说身体机能对紧急状况产生反应时，肾上腺就分泌出大量激素，传到整个身体，产生出额外的能量。这就是他可以提供的唯一解释。

要分泌出那么多肾上腺激素，首先当然得有那么多存在腺体里面。如果里面没有，任何危急状况都不足以使它分泌出来。说明每个人通常都存有极大的潜在能力。

　　这一类的事还告诉我们另一项更重要的事实，农夫在危急情况下产生出一阵超正常的力量，并不光是肉体反应，它还涉及到心智和精神的力量。当他看到自己的儿子可能要淹死的时候，他的心智反应是要去救儿子，一心只要把压在儿子身上的卡车抬起来，而再也没有其他的想法。可以说是精神上的肾上腺引发出潜在的力量。而如果情况需要更大的体力，心智状态就可以产生出更大的力量。

　　有一句老话说："在命运向你掷来一把刀的时候，你要抓住它的两个地方：刀口或刀柄。"如果你抓住刀口，它会割伤你，甚至使你致死；但是如果你抓住刀柄，你就可以用它来打开一条大道。因此当遭遇到大障碍的时候，你要抓住它的柄。换句话说，让挑战提高你的战斗精神。你没有充足的战斗精神，你就不可能有任何的成就。因此你要能发挥战斗精神，它会引出你内部的力量，之后付诸行动。

　　在面对挑战的时候，不要在心理上给自己留下太多退路，要对自己说，你别无选择。这种孤注一掷的信念，往往会激发起身上的潜能，创造出意想不到的奇迹。当你能把自己的心力全部用到一件事上时，不成功也难。

靠积极的力量克服消极的心态

人生不能无希望，所有的人都生活在希望之中。假如真有人生活在绝望的人生之中，那么他只能是失败者。身处逆境的人，只要不失去希望，就能打开一条活路。

一个人的危机与丧失积极向上的力量有极大关系，因为缺乏积极向上的力量的人，身上就会缺少一根筋——决心成功！实际上，对于那些优秀者，他们不光靠自己的聪明才智脱颖而出，而且靠积极向上的力量克服随时都有可能袭来的消极心态。

你在上学时，曾举过手发言吗？你肯定会笑着说："真是的，没举过，还没看过。"但是"多多举手"的真正作用在哪里？请看下面一则故事：

有位极具智慧的心理学家，在他的小女儿第一天上学之前，教给她一项诀窍，足令她在学习生活中无往不利。

这位心理学家送女儿到学校门口，在女儿进校门之前，告诉她，在学校里要多举手，尤其在想上厕所时，更是特别重要。小女孩真的遵照父亲的叮咛，不只在上厕所时记得举手，老师发问时，她也总是第一位举手的学生。不论老师所说的、所问的她是否了解，或是否能够回答，她总是举手。

随着日子一天天过去，老师对这个不断举手的小女孩，自然而然印象极为深刻。不论她举手发问，或是举手回答问题，老师总是优先让她开口。而因为累积了许多这种不为人所注意的优先举手发言，竟然令小女孩在学习的进度上，以及自我肯定的表现上，甚至于许多其他方面的成长，大大超越了其他同学。

　　多多举手，正是心理学家教给女儿在学习生涯中的利器。成功者是积极主动的，失败者则是消极被动的。成功者常挂在嘴边的一句话是："有什么我能帮忙的吗？"而失败者的口头禅则是："那又不干我的事。"凡事多举手，多去协助别人，成功的路程将在此展开。

　　绝大多数人之所以无所成就、默默无闻，之所以只能在人生的舞台上扮演无足轻重的次要角色——包括那些懒惰闲散者、好逸恶劳者、平庸无奇者——最重要的原因之一就在于他们缺乏积极向上的心态。

　　对于一个试图克服生存危机的人来说，不管他是否一贫如洗、身无分文，只要他渴望着有一种克服危机的积极向上的力量，希冀着完善自己，那他就是大有希望的。但是，对于那些胸无大志、甘于平庸之辈，我们则是无计可施；如果他自身不想克服危机，即便外人再怎么推动和激励都是无济于事的。对于一个渴望克服危机，一定要消除自身危机的人来说，任何东西都很难阻碍他前进的脚步。不管他所处的环境是多么恶劣，也不管他面临多少不利的制约因素，他不停地寻找自己的优势，总是能通过某种途径脱颖而出，我们不可能阻挡一个林肯式的人物或者是威尔逊式的人物的崛起，对于这样的一些人来说，即便是贫穷到买不起书本的地步，他们依旧可以通过借阅而获得梦寐以求的知识，并把危机转变成优势。

　　不管一个人是多么鲁钝或愚蠢，只要他有着积极进取的心态和更上一层楼的决心，我们就不应该对他绝望。

　　你或许会认为自己的生活平淡无奇，你成就一番事业的机会和概率近似于零，但是，重要的并不在于你现在的地位是多么卑微或者手头从事的工作是多么微不足道，只要你心存改进的意愿，只要你不局限于狭小的圈子，只要你渴望着有朝一日成为万众瞩目的人物，只要你希冀着攀登上成功的巅峰并愿意为此付出切实有效的努力，那么你终将获得成功。正如胚芽通过大量的积蓄最终萌发出地面一样，你也将通过持之以恒的努力渐渐地远离平庸，拥有一个比较有优势的人生。

　　我们不应该根据人们现在所做的工作来对他进行评判，因为这很可能只是他克服危机的踏脚石。判断一个人的标准应该是看他对克服危机拥有的抱负和确立的目标。一个诚实的人会做任何高尚的工作，以此作为通向成功之路的必经阶段。

在一个人的品位和内涵中，我们可以发现某些预示着他的未来的东西。他做事的风格，他对工作的投入程度，他的言行举止——所有的一切都预示着他会拥有什么样的未来。

"如果你只是一个负责冲洗甲板的工人，那也得好好干，就像海神随时在背后监督着你一样。"狄更斯这样说。

在生活中还有这样一种情况，那就是一个人可能对现状极度不满，但他并没有任何改进自身危机的意愿，也不想付出努力来达到目标，而仅仅是对自己的身份地位的不满。这意味着他丧失了积极向上的力量。

但是，当我们看到一个人在本职岗位上兢兢业业，想方设法地使每一件事都做得尽善尽美，以自己的努力和成就为荣，并在此基础上积极寻求进一步的发展和提高时，我们在心中确信他最终肯定能如愿以偿。在我们确切地了解一个人的理想和抱负之前，是无法对他做太多判断的。只要他具备毅力、恒心和信念，他完全有可能成为一个克服自身危机和发挥自身优势的人物。

当年轻的富兰克林尚在费城为挣得一个立足之地而苦苦挣扎时，那儿精明的商人已经预测到了，即便富兰克林现在囊中羞涩，生活困难，吃饭、睡觉、工作都是在同一间小屋，但这个年轻人必定前程无限，因为他是如此全身心地投入工作，如此渴望着大展宏图，如此乐观自信。他经手的每一件事都能做到尽善尽美，这些都预示和象征着他未来的作为不可限量。当他还只是一个学徒期刚满的印刷工人时，他的工作质量就已经远远地超过别人了，而他的排版系统甚至比雇主的还要先进，人们纷纷预测有朝一日他肯定能取而代之，拥有自己的企业——历史证明他的确是做到了这一点。

许多生活在偏僻乡村的人们没有机会接触到更广阔的世界，因而也无从对自身的能力做出评判和比较。他们过着一种平凡安逸、宁静如水的生活，他们周围的环境中很少有什么东西能够唤起那些在日常劳动中不被经常使用的潜能。

对于一个生活在偏远的乡下农场中的人来说，他积极向上的力量通常是在他第一次进城时被激发和点燃的。对他来说，城市就像是一个巨大无比的展览馆，里面陈列了每一个人的成就和业绩。弥漫和笼罩在整个城市上空的那种咄咄逼人、积极进取的精神就像是闪电一样击中了他，一下子唤醒了他身上沉睡着的所有能量，并激发出他全部的潜能。他所见到的任何事物都像是一种不可抗拒的召唤，召唤着他奋起直追，召唤着他拼搏进取。

都市生活和四处旅行的好处之一就在于它提供了这样一种机会，可以使我们与形形色色的人进行接触，并在此过程中把我们自己与他人进行比较，衡量自身的能力与他人能力之间的高低。榜样的力量是无穷的，它通常具有强大的感染力，会鞭策我们前进。和他人的接触也非常有助于激发我们的竞争心理和征服欲望，有助于我们全力以赴地与他人一较高低。

所以，当我们生活在都市或处于旅途中时，我们可以不断地得知他人做了什么，有什么非同凡响的业绩。我们可以看到惊人的工业成就、巨大的工厂和办公机构、繁荣的商业，以及所有人类成就的活生生的广告。所有这一切使一个有远大抱负的年轻人目不暇接的同时，也在他心中留下了大大的问号和惊叹号——为什么他不能同样出类拔萃呢？为什么他自己不尝试着也成为一个战胜自身危机的人呢？当他心中产生了这样的意愿，当他热切地渴望着去做某事并坚信自己肯定能成功时，他积极向上的力量也就在无形之中增加了几倍。

对你来说，积极的力量是什么？请看亚历山大大帝的积极力量是什么：

亚历山大大帝出发远征波斯之前，他将所有的财产分给了臣下。

大臣皮尔底加斯非常惊奇，问道：

"那么，陛下带什么启程呢？"

对此，亚历山大回答说：

"我只带一种财宝，那就是'希望'。"听到这一回答，皮尔底加斯说："那么请让我们也来分享它吧。"于是，他谢绝了分配给他的财产。

别给自己找退缩之路

人生诀窍在于突破自我，一步步积累小的成就，从而提升自信，形成良性的向上螺旋。找个要改变的方向，一点点儿自我超越吧，唯有锻炼，肌肉才能更强健。习惯逃避，能力必然变萎缩。

有些人想做大事，却胸无大志，得过且过，这样的人肯定会有很多局限性而无法超越自我，难有大的突破和进展。实际上，凡是有"得过且过"的心态者，都会给自己找退缩之路。

古希腊时，有两个人同村，为了比高低，打赌看谁走得离家最远，于是同时却不同道地骑着马出发了。

一个人走了十三天之后，心想："我还是停下来吧，因为我已经走了很远了，他肯定没有我走得远。"于是，他停了下来，休息了几天，准备返回，并且终于回到了家，重新开始他的农耕生活。

而另外一个人走了七年，却没回来，人们都以为这个傻瓜为了一场没有必要的打赌而丢了性命。

有一天，一支浩浩荡荡的大军向村里开来，村里的人不知发生了什么大事。当队伍临近时，突然有一个人惊喜地叫道："那不是克尔威逊吗？"只见消失了七年的克尔威逊已经成了军中统帅。

他下马后，向村里人致意，然后说："鲁尔呢？我要谢谢他，因为那个打赌让我有了今天"。鲁尔羞愧地说："祝贺你，好伙伴。我至今还是农夫！"暂时满足的心态只能差人一等。生活中有多少人都是因为这样而差人一等的啊！

一个有生气、有计划、能克服危机的人，一定会不辞任何劳苦，聚精会神地向前迈进，他们从来不会想到"将就过"这些话。

有许多颓废者，常常对他人说："得过且过，过一把瘾吧！""只要不饿肚子就行了！""只要不被撤职就够了！"这种青年无异于承认自己没有生机。他们简直已经脱离了世人的生活，至于"克服危机"那更是想也不必想了。

打起精神来！它虽然未必能够使你立刻有所收获，或得到物质上的安慰，但它能够充实你的生活，使你获得无限的乐趣，这是千真万确的。

无论你做什么事，打不起精神来就绝不可能克服危机。你必须全神贯注，竭尽所有的精力和脑力去完成它，务必使你的能力每天都有显著的进步，因为我们每天从事的工作都可以训练和发展我们克服危机的才能。一个人如能打定如此坚定的主意，那他的收获一定不会仅够"填饱肚子"的。

那些克服了危机而成就的大事，绝非那些仅欲"填饱肚子"以及做事"得过且过"的人所能完成的，只有那些意志坚决、不辞辛苦的人才能完成这些事业。

试想，一个画家想完成一幅名作，但他一提起笔来就心不在焉，有气无力地东涂一笔，西抹一下，他会成功吗？一位大诗人，想写一首名垂千古的好诗，一个名作家，想写一本名震天下的杰作；一个科学家，想研究出一个有利于人类的高深学理，如果他们整日无精打采地草草从事，这些愿望会成为现实吗？

雷纳斯·格利雷先生说，做事若想达到最优境地，就得有远大的眼光和热诚的心意。一个有生气、有计划、有远大目光的人，一定会不辞任何劳苦，聚精会神地向前迈进。他们从来不会想到"得过且过"这些话。他们的生活永远是崭新的，每天都在有计划地进步，他们只知向前跨，不管自己是走了一寸还是一尺，最重要的是不断取得进步，他们无时不在处心积虑地担心自己能力不够，唯恐成为一个仅能填饱肚子的人。

大音乐家奥里·布尔与他的提琴的故事，实在是一般工作者最好的榜样。这位名震全球的音乐家一演奏起他的曲目，听众们就会惊叹不止。可是他们不知道他所下的苦功。当他还只有八岁时，常常深夜起床，拿出一只红色小提琴，奏起他日思夜幕的歌曲。直到长大成人，他从未离开过它。他奏出那优美婉转的歌声，真不知倾倒了多少听众，使他们像被飓风吹动的草木一般，跟着乐声舞动起来；又不知使多少听众受到了极大的感化。它的声音好像微风送出的一阵阵花香，使无数听众忘了一切烦恼辛劳，如登仙境。

布尔是怎样克服危机的？从小他的父亲就反对他学提琴，贫穷与疾病也紧紧地压迫着他。正因为他有热诚和专心，所以终能打破一切障碍，闻名世界。

我们随时都可以碰到这样的人：他们似乎专门在等待人家去强迫自己工作。他们对于自己所拥有的广博才识与能力，毫无所知。他们一点也没估计过自己身体里究竟藏着多少才智与力量，遇到任何事，只知拿出一小部分力量来敷衍，他们似乎情愿永远守在空谷，不肯攀登山巅；他们不愿张开眼来，把广大而宏伟的宇宙看个清楚。

任何存有危机的人如果遇事不肯振作精神，缺乏热诚态度，不使出全部能力，不觉悟，长此以往前途将更可悲，那他也绝不会有什么成就。

有许多人好像生来就得依靠别人不可。他们情愿忍受任何环境的束缚，不知反抗。他们到了自己非做主不可时，却显得手足无措。他们毫无自信心，任何事都得请别人来帮忙、来决定。他们连想一想"让自己做主试试看"的勇气也没有，他们从不知怎样去发展自己的个性。

世上真不知有多少人都在糟蹋自己的本领，遇到必须负责的事情时，就连忙退避三舍，恨不得立刻有人出来指示他、帮助他、护佑他。

在那些偷闲苟安、怠惰愚蠢的人的眼里，世上一切好的位置、有出息的事业都已宣告客满。是的，这种怠惰成性的人，随便走到哪里，都不会有他们的立足之地。社会上各处急切需要的，是那些肯领头、敢于奋斗、有主见的人。一个大有前途、随处可以立足的人，应该有思想、能判断、善独创、刻苦耐劳。那些专门埋怨没有机会或命运不济的人，一辈子也不会成功。

只有懦弱无能、无法克服自身危机的人，才一天到晚埋怨没有事情可做。那些自信靠自己的力量必能获得适当位置的人，从不跑到人家面前诉苦，只会自己埋头苦干。

一个人要想克服自身的危机，应当有一种等级感。

有些存有危机的人常会这样想："我不预备做一个头等人，只要做一个次等人就够了。我也不妄想获得一个头等的、薪资高的位置，只要有一个次等的位置就很称心了。"这种人真不是一个见识高超的人。其实他们要做次等人，真是容易得很，只要故意不拿出头等人所需要的能力就行了。可是他们必须知道，现在社会上最令人感到人满为患而像滞销的劣货一般搁浅的，大都是怀着这种心理的次等人！

当然，你既然得不到头等位置，就只得找一个次等的位置将就一下了。可是，如果你的经济能力许可，你当然希望穿上好的衣服，吃上好的食物。即使你舍不得穿戴，舍不得吃，至少你的心里是喜欢高级的。

次等的人正如次等物品一样，除非别人得不到头等的，才不得不用次等货来将就一下。可是用人者却大都希望找到头等的人。

请记住：当你信得过自己的头脑，确有资格胜任你所愿做的位置时；你确信自己一谋到那个位置，一定能够胜任愉快、能够有所建树时，就不要再灰心，不要再怕苦，不要再暴躁，不要再埋怨自己升得太慢了。你应该一如既往地干下去，你应该像评判员对于竞赛者那样严格地审视着自己，把自己训练成一个合格于你所期待的人才行。你必须知道，一个不是靠自己埋头苦干、不是用自己功绩垒起的位置，永远是没有意思、没有价值的，也是难以保住的。

这就是说，你有了自己的"位置"，但不能在"次一等也可"的心态下自我陶醉，还有更高的"位置"等待你去努力。这就需要你发挥更大的优势，去占领属于你的阵地。

别人代替不了你成长。成长是痛苦的，可你无处可逃。借助优秀者的眼光看方向，前面的路，得迈动你的脚。

是"我失败了"还是"这件事失败了"

世界上大部分的人，身上都安装着自己的情绪按钮，一个叫快乐，一个叫痛苦，而这个按钮，掌握在外界的手中。他们的心智模式是：外界、别人来掌控我的情绪，导致我现在的状态。比如老板冲你发火；孩子总是不听话；着急的时候，前面的车却堵得不可开交；小跑到公交站，还是眼睁睁地看着公交车开走了……遇到类似的事，他们便要难过一整天，甚至更长。这种人我们称为受害者。受害者习惯把痛苦和快乐放在别人手上，有的时候是家人和上司，有的时候是朋友同事，还有的时候是过去的自己。

与其说一个人是自己命运的主人，还不如说是自己心态的主人。命运由心态决定，而心态又有消极心态和积极心态两种，你怎么选择直接决定了你未来的人生。

在生活中，没有人会一帆风顺，有成功也有失败。如果你常回忆往日的成功，就会获得今天成功的信心；但如果你总是回忆昔日的失败，消极的阴影会一直让你无法动弹。积极心态的人会挖掘它的全部价值，消极心态者却只会怨天尤人。

千万不要以为成功会像奇迹一样突然光临寒舍，虽然有时候它的登场看来颇富戏剧性，但那是努力的结果。不要以为成功的契机到来时，人人看得到它，只有善用积极心态的人才有希望一睹它的风采。

"不可能"三个字是许多人万试万灵的安眠药，当他们发现环境恶劣，道路上布满阻碍时，消极地大叫一声"不可能"，找个借口便自己溜走了。三个字说起来轻松，但不敢正视困难的逃避不仅是逃避困难，同时也绕开了成功的机会。

人在面对困境时，有消极心态的人会把问题想得太多太广，把昨日的、今天的、明天的、已有的、现有的，将要出现的困难全部累积起来，就这样困难俨然成了一座高不可攀的大山，凭自己的微弱之力明显不是对手。

有这样一个小事故：

1871 年春天，一个医学院的学生漫步到图书馆。他虽然成绩不错，但他没有医学界的熟人引导，也没有关系网，最糟的是他家境贫困，几乎三餐难以为继。他思前顾后，觉得现实残酷，未来工作也没着落，家里的重担全在他身上，让他痛苦得想自杀。所以几周来他不再像以前那样努力了，每次进图书馆总是看些文学小说或散文诗歌类的消遣读物。但这一次他看见了一句话："最重要的就是不要去看远方模糊的，而是做手边清楚的事。"

这位年轻的医科学生，就因为这一句话改变了人生。他从此乐观积极，扎实地从无到有奋斗出了自己的一片天地。他的名字叫威廉·奥斯勒爵士，是那个时代最有名的医学家。

42 年后的一个春天，奥斯勒爵士为耶鲁大学的学生做了一次演讲，说出了这句影响了他一生的话，他特别指出，那不是说不应该为明天而准备。为明日准备的最好方法，就是集中你所有的智慧，所有的热诚，把今天的工作做到尽善尽美，这就是你能应付未来的唯一方法。

所以，不要事事都想得太多大难，不要总是从嘴里吐出"不可能"这三个字，那是懦弱者的哀歌。确实，这世界上有许多不可能的事，你不可能从平民一夜间变成国家元首，你也不可能突然比比尔·盖茨更有钱。但想想看，你难道不可能获取一份好工作，赢得一位好女孩的心或交到几个好朋友吗？

成功与机遇总是伴随乐观积极的人，失败总是伴随那些消极悲观的人，只要你敢于正视未来，敢于对"不可能"说不，你一定能成功。

曾有这么一个例子：

有两家人开车出去旅游。不幸的事发生了，由于碰上了泥石流滑坡，两辆车都被压在了树木泥土下。

其中一辆车的车主是个男士，他看着窗外黑乎乎的堆积物，神经质地喃喃自语："完了，完了。"他完全丧失了求生的勇气，外面堆积了成吨的泥土、植物，从他的常识来说，凭自己的力量根本无法逃生，而车祸发生地点位处人烟稀少的山区，想等待外援也是几十个小时后的事了，那时早已窒息而亡了。从此可以看出，这个男士一眨眼间就想到了所有的困难，而且立即被常识压倒，陷入了消极的自暴自弃情绪中了。

但这时，另一辆车的车主虽是一个妇女，但她看见两人孩子的脸越来越红时，她明白了那是缺氧的前兆。她并未想太多的事，立即摇下后座的窗，开始用手挖出通路。历经两个多小时，她终于十指鲜血淋漓地将自己与两个孩子救了出来。她立刻向林区管理站求救。

两个小时后，已经严重休克的男士也被救了出来。

但两个人比较之下，男士的懦弱与女士的勇敢对比强烈。

当生命从手边溜走时，消极心态者把自己封锁在一个自闭的精神境界中等死，而女士不肯放弃任何一丝求生的机会，终于从死神手里夺回了四条人命。这就是心态的作用，一念之间可以判生死，定贫富。

很多人总是因为遭遇一点挫折，或者不能走出低落的情绪，就全盘否认自己，这时候自己的认知就更为重要：是'我失败了'还是'这件事失败了'，这不同的选择，能让人遇上截然不同的命运。你要从内心真正认同，所有事情的发生都是事实，你也接受这个事实，但这并不代表你是个失败者，失败的只是你经历的这件事情。

第 7 章

生命中最艰难的洗礼

没有一种广告会比忠实更能取得信任

　　名誉是一个人的一封最有效的自荐信，你一生的前途都得依赖着它。当然在名誉面前切不可像孔雀那样，把美丽的羽毛作为炫耀自己的资本，以为自己已经爬上了一个人生的山头，就梦想所有的人都将抬起头颅仰视你。相反一旦谁用已获得的好名声为个人谋一己之私。那他很快便会有一个比原来好名声更广泛流传的坏名声。人的一辈子获得好名声不容易，保持好名声则更难。有一句谚语说得非常好："失财者，损失巨；失朋友者，损失尤巨；失名誉者，则完全损失矣！"

　　性格决定命运。一个人的性格就是一个人的命运，境由心生。征服自己，是人生最辉煌的胜利；挑战自己，是生命中最艰难的洗礼。只要有决心和毅力，每一个人都有能力超越自己。挑战自己意味着不断追求前进，意味着走前人没有走过的路，开拓出前人没有开创过的新天地。

　　人生最大的挫败之一，就是具有了欺骗和说谎的本领。这种人的生存危机是显而易见的。许多人都相信，欺骗、说谎是一种有利的宣传。他们自认为欺骗的手段是很值得使用的。受此观念引诱，许多声誉很好的商店，往往也要掩饰自己商品的缺点和不足，而登载各种欺骗人的广告。有些人甚至以为，在商场，欺骗的手段简直与资本一样的重要。他们一方面告诫自己要言行诚实，但同时却认为，要想在营业上取得成功，不施用一点伎俩则是很难的，甚至是不可能的。先让我们看一个关于受骗的骗子的故事：

　　从前，一位商人，他于安息日前夕要到外地去。他在一座房子附近挖了一个地洞，将自己的钱藏在里面。那座房子里面住着一位老人。这位老人一向被认为是品行高尚、忠诚老实的人。他正好看到这位商人挖洞藏钱，随后便过去将钱统统偷走了。

几天后，那位商人办完事回来取他的钱，发现钱已不翼而飞了，真急得不知如何是好。他偶然地走进那位老人的房子，对他说："请原谅，先生！我有件事想请教你。劳驾，你能告诉我该怎么办么？"老人答道："请说吧！"商人说："先生，我是到这里来购物的。我带来了两个钱袋：一个钱袋里装着六百块金币，另一个钱袋里是一千里亚尔。在这座城里，我举目无亲，找不到一个可以信任的人代我保管这笔钱财。因此，我只好到一个隐蔽的地方，将那装着六百块金币的钱袋埋在那里。现在我不知道，我该不该将另一个装有一千里亚尔的钱袋仍然藏到那个地方去，还是另找一个地方藏起来，或者还是找一个诚实的人代为保管好。"老人答道："如果你想听听我的意见，那最好别将钱交给人家保管；你还是仍然将钱藏到你第一个钱袋所藏的地方去吧！"商人道谢说："我一定按照你的话去做。"

商人走后，这个老骗子私下想："要是这个人将第二个钱袋送到老地方去藏时，发现原来的那只钱袋不见了，那他就不会再将第二个钱袋再藏在那里啦。我必须尽快将第一只钱袋放回原处。这傻瓜准会将第二只钱袋再藏在那里，那我就可以将两只钱袋都弄到手了。"

于是，他赶紧将偷来的钱袋放回原处，此时，那位商人也在这样考虑："要是这个老头偷了钱袋，那他为了弄到第二只钱袋，现在也许已把它送回原地去了。"商人来到原先藏钱的地方，真的又看到了那只钱袋子。他高兴地喊道："我的好人。您将丢失的东西又送回原主了！"

贪婪，让骗子把到手的钱又送了回去，结果他不是得到更多的钱，而是得到了嘲弄。用智慧来对付骗子，不仅可以保护自己，也可以惩治骗子。

再让我们看一个揭穿谎言的例子：

林肯在当美国总统之前，是一位有名的律师。

他青年时代有一位朋友，名叫汉纳·阿姆斯特朗。汉纳不幸早死，遗下妻子和儿子威廉，生活很苦。有一天，林肯忽然在报上看到一条消息说，威廉被控告犯谋财害命罪。林肯知道这孩子善良，不会杀人，于是毛遂自荐免费打这场官司。

他仔细查阅了全部案卷，勘察了现场，掌握了全部证据。原告方面的一位证人——查尔斯·艾伦在陪审团面前发誓说，他曾亲眼看见威廉和一个名叫梅茨克的人斗殴，时间是 8 月 29 日夜里 11 点钟，正值明月当空。月光下，他看见威廉用锤子击中梅茨克，随后把锤子扔掉。

审判中，林肯针对上述关键性证词当庭对艾伦发问——

林肯：你发誓说你认清了小阿姆斯特朗（即威廉）？

艾伦：是的。

林肯：你在草堆后面，小阿姆斯特朗在大树后面，相距二三十米，你能看得清楚吗？

艾伦：看得很清楚。因为月光很亮，完全可以在二三十米内认清目标。

林肯：你肯定不是从衣着上认出他的吗？

艾伦：完全不是从衣着方面。我肯定是看清了他的脸蛋，因为月光正照在他的脸上。

林肯：具体的时间你也可以肯定吗？

艾伦：完全可以肯定。因为我回到屋里时，看了看时钟，那时是 11 点 15 分。

林肯：你担保你说的完全是事实吗？

艾伦：我可以发誓，我说的完全是事实。

林肯：谢谢你，我没有其他问题了。

然后，林肯派人取来一本历书。这本深受美国广大群众所喜爱的历书表明，1857 年 8 月 29 日午夜前 3 分钟，即夜间 11 点 57 分，月亮早已经看不见了。林肯于是痛揭艾伦的谎言：

"全体女士们和先生们，亲爱的陪审官先生们，我不能不告诉你们，这个证人艾伦是一个彻头彻尾的骗子！"

林肯接着说：

"他一口咬定 8 月 29 日深夜 11 点 15 分，他在月光下认清了被告人的脸。请大家想一想，8 月 29 日那天是上弦月，11 点时月亮已经下山了，哪里还会有月光？退一步说，也许他时间记得不十分精确。假定说时间稍有提前，月亮还没有下山，但那时月亮正在西面，月光是从西往东照射的，月光可以照射到他的脸上，那样，证人就根本不可能看清被告人的脸；如果被告人脸朝草堆，那么，月光只能照在被告人的后脑勺上，证人又怎么能看到月光照在被告人的脸上呢？又怎么可能从二三十米外的草堆处看清被告人的脸呢？"

在场的人们沉默了片刻，接着，掌声、欢呼声一齐迸发出来。

揭穿谎言的有效途径就是证明他的话无法自圆其说，这不仅需要严谨的思维，还需要以科学的事实作为依据。林肯做到了，他赢得了官司的胜利，也让人们看到了他的智慧。

有一家绸布商店的经理告诉别人，前几天他店中的伙计们正忙于将整匹的绸缎剪成片段。他还大言不惭地说，只要通过广告大肆宣传按片断购买，比按码计算会更合算，更便宜，这种暗示一定能诱使人们乐于购买，因此他就可以坐收大利。但是他都没有想到，一旦顾客发现这是一种哄骗以后，还有谁愿意再去光顾那家商店呢？来不为利动，没有私心，在任何情形下都能言行忠实——这种美誉所取得的价值要比从欺骗中得来的利益大过千倍。

没有健全的德行，不能做到绝对忠诚，这种人很危险。他们在乎时也许还愿意站在正直的一面，但是一到厉害关头时，他们就会离开正直，就会不由自主地不说正直话，不做正直事了。

他们也许会不正面地说谎与欺骗，但是他们往往会留有某些应该说、必须说的话而不说，但到最后，这种人的行为，终究仍将是得不偿失的。

他们不明白，在他们多得到一分金钱时，他们就多损失了一分品格。他们的钱袋中固然多增加了几个铜板，但他们的人格却由此而一落千丈！

事实上，世间不知有多少不诚实的个人或机构，会在日后觉悟到，欺骗的行为终究是不可靠的，是要失败的！因此，就是从利害关系上来看，诚实也是一种最好的策略！

翻阅美国商业史，我们可以看出，五十年以前生意兴隆的大商店，到今日依然存在的，真是寥若晨星。那些商店在当时如雨后春笋，气象勃勃，但他们却刊登各种欺人的广告，做各种欺骗人的勾当，而且这种风气还盛极一时。然而他们当时一点也没有意识到这样做的寿命是不能长久的，因为这种行为缺少人格、信用做后盾。它们没有意识到这种行为终究是不可靠的，它们虽能一时欺骗得逞，但这种欺骗不久是要被发现的。其结果是它们自己被顾客冷落、衰微而终至失败。

天下没有一种广告，会比忠实不欺、言行可靠这种美誉——这种活广告——更能取得他人的信任。

1835 年，摩根先生成为"伊特纳火灾保险公司"的股东。不久，有一家在伊特纳火灾保险公司投保的客户发生了火灾，如果按照规定完全付清赔偿金，保险公司就会破产。股东们纷纷要求退股。

摩根先生则认为自己的信誉比金钱重要。他四处筹款并卖掉了自己的房产，低价收购了所有要求退股的股份。然后他将赔偿金如数返还给了投保的客户。

一时间，伊特纳火灾保险公司声名鹊起。

已经几乎身无分文的摩根先生成了保险公司的所有人，但保险公司已濒临破产。无奈之中他打出广告：凡是再参加伊特纳火灾保险公司的客户，保险金一律加倍收取。不料客户很快蜂拥而至，伊特纳火灾保险公司从此崛起。

成就摩根家族的并不仅仅是一场火灾，而是比金钱更有价值的信誉。还有什么比让别人都信任你更宝贵的呢？有多少人信任你，你就拥有多少次成功的机会。成功的大小是可以衡量的，而信誉是无价的。用信誉获得成功，就像用一块金子换取同样大小的一块石头一样容易。

一个是以言行诚实、而自觉有正义公理做后盾，一个是欺骗、说谎，而且自知其为欺骗与说谎，这两者之间所发出的威力真不知要相差多少！

一个言行诚实的人，因为自己感到有正义公理作为后盾，所以他能够毫无愧色，毫无畏缩地面对世界。

说谎的人是人类的败类，是一个堕落者！

一个人一旦离开诚实，他就失去了为人的资格，他就从此成了衣冠禽兽。

许多人，为了取得一点点的小利小名，他们会拿自己的人格和名誉做赌注，就像在跑马场中赌博一样地面无愧色，这是一种多么可悲的行为啊！

一个人尽管有了一笔财产，然而他却落得一个到处为人指责、受人嗤笑的地步。他出卖人格，出卖尊荣，出卖名誉，出卖一切有价值的东西。如果这样，财产对他又有什么用处呢？

糟蹋自己的人格、名誉值得吗！百合花沾了污渍，玫瑰花失却了芬芳和美丽，还能算作百合和玫瑰吗！

一个人一旦腐化了他内在的最高贵品质，失去了做人的资格，他还能算是人吗！

一个不诚实的人，也常常会受到内心的贬低与谴责。他所得到的名和利是不能消除这种内心的煎熬的。无诚信者，遭受的挫败可能是重大的。

小人重利，君子重名。富贵一时，名声千古。一个人的高尚人格和好名声是最值得珍贵的。谁的人品能赢得大众的钦佩和高度信赖，谁就等于获得了最富有的精神财富，甚至可以变成巨大的物质财富。

"爱护自己"应成为一个人终生修养的座右铭，栽一棵树要从小树苗时爱惜培育，人格、品德也要从幼年开始陶冶磨炼，而人格、名誉和学历、地位并没有必然联系。

人过留名，雁过留声。如果能正确地理解这个"名"，人的一生留个好名也是大有必要的。

用一颗开放之心倾听

　　美丽的花儿，开放和闭合都是静悄悄的，而不吵闹着炫耀。做人也是如此，要懂得谦虚，而不是学会了点东西，懂得一点，就到处炫耀，却不知那是很可笑，不受人尊重的行为。

　　爱吹嘘自己是很多人固有的一种人性弱点，这种人总爱在别人面前把自己吹得神乎其神，实际上会让人生厌的。在交际中，凡是爱吹嘘自己的人，都会有这样一种生存危机，即易遭人厌恶和拒绝！实际上，这一点就注定这种人在做事、谈话时，就已经不令人感兴趣了，而是一个失败者。因此，应当记住谦逊之美。让我们从这样一个出人意料的故事开始：

　　哈里·S·杜鲁门当选美国总统以后，有记者到其家乡采访杜鲁门的母亲。记者首先称赞道：

　　"有哈里这样的儿子，您一定感到十分自豪。"

　　"是这样，但那主要是他的事。"杜鲁门的母亲平静地说，"不过，我还有一个儿子，也同样使我感到自豪。"

　　"他是做什么的呢？"记者问。

　　"他正在地里挖土豆。"

　　一个有资格夸大自己的人，却在当人称赞她的"当总统的儿子"时，想到的是"挖土豆的儿子"，这是一种平常人的心态。做任何人都应当有这位母亲的心态，尽可能谦逊！

　　如果你不同意他人的意见，你或许想阻止他，但最好不要这样，这样做没有什么效果。当他人还有许多意见要发表的时候，他是不会注意你的。所以要忍耐一点，用一颗开放之心听取他人讲话，并诚恳鼓励他完全发表自己的意见。

这一原则在商业中确实有其价值，让我们来看看下面这一摆脱危机的例子。

数年前，美国最大的一家汽车工厂正在接洽采购一年中所需要的坐垫布。3家有名的厂家已经做好样品，并接受了汽车公司高级职员的检验，然后，汽车公司给各厂发出通知，让各厂的代表做最后一次的竞争。

有一厂家的代表R先生来到了汽车公司，他正患着严重的咽喉炎。"当我参加高级职员会议时，"R先生叙述他的经历说，"我嗓子哑得厉害，差不多不能发出声音。我被引进办公室，与纺织工程师、采购经理、推销主任及该公司的总经理面洽。我站起身来，想努力说话，但我只能发出尖锐的声音。大家都围桌而坐，所以我只好在本上写了几个字：'诸位，很抱歉，我嗓子哑了，不能说话。''我替你说吧。'汽车公司总经理说。后来他真替我说话了。他陈列出我带来的样品，并称赞它们的优点，于是引起了在座其他人活跃的讨论。那位经理在讨论中一直替我说话，我在会上只是做出微笑点头及少数手势。

"令人惊喜的是，我得到了那笔合同，订了50万码的坐垫布，价值160万美元——这是我得到的最大的订单。我知道，要不是我实在无法说话，我很可能会失去那笔合同，因为我对于整个过程的考虑也是错误的。通过这次经历，我真的发现，让他人说话有时是多么有价值。"

有一家电气公司的业务员范勃也深有同感，下面让我们来看他的例子。

有一次，范勃先生正在宾夕法尼亚做一次农业考察。"为什么这些人不用电？"他经过一家整洁的农家时向该区代表问道。"他们是守财奴，你不可能让他们买下任何东西，"区代表厌烦地回答说，"并且他们对公司不感冒。我已经试过多次，真是没有希望了。"

也许是没有希望，但范勃无论如何要试一试，他走过去叩一户农家的门。门只开了一条小缝，老罗根保夫人探出头来。"她一看见公司代表，"范勃先生讲述说，"就当着我们的面把门一摔。我再叩门，她又把门开了一点，告诉我们她对我们及公司的看法。她将门再开得大些，探出头来怀疑地望着我们。'我曾留意你的一群很好的都敏尼克鸡，'我说，'而我想买一打新鲜鸡蛋。'门又打开一点。'你怎么知道我的鸡是都敏尼克鸡？'她的好奇心似乎被激发起来。'我自己也养鸡，'我回答说，'而从未见过比这更好的都敏尼克鸡。''那你为什么不用你自己的鸡蛋？'她还有些怀疑。'因为我的来格亨鸡生白蛋。你是会烹调的，自然知道在做蛋糕时，白蛋不能同黑蛋相比。为此，我的内人以她所做的蛋糕自豪。'这时，罗根保夫人放着胆子走了出来，来到廊中，态度也温和多了。我环顾四周，发现农场中置有一个很好的牛奶棚。'罗根保夫人，实际上，'我接着说，'我可以打赌，你用你的鸡赚钱，比你丈夫用牛奶棚赚的钱还要多。'嘿！她高兴极了！当然她赚得多！她听我如此说更加高兴，但可惜她不能使她顽固的丈夫承认这一点。她请我们参观她的鸡舍，在我们参观的时候，我留意她所造的各种小设备，我介绍了几种食料及几种温度，并在几件事上征求她的意见。片刻间我们就很高兴地交换了经验。过了一会儿，她说她几位邻居在他们的鸡舍里装置电光，据她们说效果很好。她征求我的意见，她是否应该采取这种小法……

"两星期以后，罗根保夫人的都敏尼克鸡也见到了灯光，它们在电光的照射之下叫唤着、跳跃着。我得到了我的订单，她也能多得鸡蛋。双方满意，人人获利。但……如果我不先将她诱入圈套，我是永远不能把电器卖给这位守财奴式的妇女的。"

事实上，即使是我们的朋友，也宁愿对我们谈论他们自己的成就而不愿听我们吹嘘自己的成就。

为什么会如此？因为当我们的朋友胜过我们时，他们获得了一种自重感；但当我们胜过他们时，他们会产生一种自卑感，并引起猜忌与嫉妒。

德国人有一句俗语："最纯粹的快乐，是我们从别人的困难中所得到的快乐。"是的，你有些朋友，恐怕从你的困难中比从你的胜利中得到的满意更多。所以不要时时向他人夸大自己的成就，我们要谦逊，这样永远能使人喜欢。

我们应当谦逊，因为你我都没有什么了不得的。你我都要逝去，过百年之后完全被人遗忘。生命过于短促，不要总是谈论我们小小的成就，使人厌烦；反之，我们要鼓励他们说话。

在任何时候，无论做人和做事，都是在画圆，当我们画得越大的时候，就明白我们懂得越少。人生其实就是一个圆，从起点到终点，就是一个画圆的过程，在这个过程之中，我们应该不断超越自我，从而不断完善自我。要懂得时刻保持谦虚的心态，生命有限，人生成长无止境。

"删除"你的消极情绪

不管什么时候，只要脑子里出现泄气的想法和问题，就要采取措施。只有你自己才能够控制你的头脑。要用"情绪吸尘器"把它们赶走，留出地方来装即将到来的快乐和成功！

出现了消极因素，就要清除干净。这样，你才能着手盘算如何愉快起来，才能有时间觉得痛快。要谈论欢乐的时刻，鼓舞未来的计划，为自己以往的回忆和现在体验到的积极因素感到高兴。于是，随着这些积极的话语便会产生出积极的行动和情绪。

往往因为旁人的一句话便耿耿于怀，动辄勃然大怒，时而血管崩涨，血液充满脑部，根本无法自我控制。等到情绪过后，才懊悔当初，这是一般人的通病。

每个人都兼具理性与感性，对大小琐事都想用理智作衡量是不可能的，而且大部分的行为，都是以感情为出发点，这是人性真实的一面。

有一回，苏格拉底带着学生一同回家，他太太正因煤气的事生气，还当着客人的面掀翻桌子。

这位学生十分不悦，说道："就算是师母，也要有个师母的样子，真是太过分了。"说完他转头就想离开。

苏格拉底心平气和他说："上次我去你家，不是有一只母鸡从窗户外头跑进来，把桌子搞得乱七八糟吗？那时我们不都没有生气？"

生气的对象是人就会发怒，一旦换成母鸡便无从愤怒，苏格拉底利用妻子的行为教育弟子，希望他能从此事件中领悟到更深的哲理。人都难免有生气恼怒的时候，这时把对方视为低等动物，可以使心情恢复平静。

这种贬低别人的方法，只是权宜之计，对于人格的提升毫无帮助，暂时先将心情平定以后，自己仍要反省。

时间是最佳的疗伤药，遭受失败的打击，经过长时期疗养，伤痕就会渐渐消失。如果连把对方看成低等动物也不能心平气和，此时最好做深呼吸，把眼睛闭起来，让当时情况重映于心，使刺痛你的事件之锋芒尽折，这样做颇具效果，不妨一试。

人们总是在意想不到的时候产生不愉快的想法。所以重要的是，不但要学会如何排除掉不愉快的想法，还应当学会怎样把腾空了的地方装上健康而积极的念头和想法。

譬如说，你刚刚疲累地做完了一天的工作，回到家里冲一个澡。热水冲在身上，使你感到非常舒服。

你正在怡然自得的时候，突然想起了上个月与邻居吵架的事情。一下子，你满脑子都充满了不愉快的回忆。

此时你应该将和邻居的种种不愉快统统排除掉。在这个时候，你根本解决不了跟邻居争吵的事情，但是能够把澡洗得痛痛快快。情绪愉快是理所当然的，而不去破坏这种情绪的责任在你自己身上。

把头脑里的烦恼念头清除掉以后，你可以选择用什么积极的念头来取代。你可以挑选任何喜欢的东西作为鼓舞。

要照这个办法练习几次。一旦你在这样做的时候尝到甜头，头脑里浮现了的愉快景象会使你觉得舒畅许多。

假如过了几分钟后，你又想起了那些泄气的往事，赶紧再去想想美好的事物。

只要你不自觉地想起了泄气的事情，就必须有意识地行动起来，把那些念头赶跑。

在你想要放松自己休息一下的时候，你脑子里那些泄气的想法往往趁你平静的时候更为频繁地出现。比如在躺下要睡觉的时候，周围没有了旁人的声音，没有了旁人的刺激，你就开始觉得发愁和担心，烦恼的事情也一起涌上心头。

　　喜怒哀乐人皆有之，有的人以乐观为主，而有的人以悲观为主。无论乐观或悲观都不是生来就有的，而是后来逐渐形成的习惯，乐观者少病长寿，悲观者多病折寿是人人皆知的。有的人也知道乐观有益健康，但总乐观不起来，并因此苦恼，陷入更深的悲观。怎样才能使自己乐观起来呢？在思维方法上是有讲究的，那么怎样的思维方法才能乐观起来呢？

温和友善的态度更受人欢迎

林肯说："一滴蜂蜜要比一加仑的胆汁能招引更多的苍蝇。"人也是如此，如果你想赢得人心，首先要让他人相信你是最真诚的朋友。那样就像有一滴蜂蜜吸引住他的心，也就是一条坦然大道，通往他的理性。

我们有时也许激怒了他人，或者被人激怒。当你被人激怒，并且说了一大堆气话之后，你确实可以消除自己的情绪，让自己得到一些轻松，但是你想过他人没有？别人会怎样呢？他会分享你的一吐为快吗？你那充满愤怒的声调、敌对的态度，真能够使他同意于你吗？

"假如你握紧双拳找上我，我想我也会不甘示弱。"伍德罗威尔逊说道，"但是，假如你对我说：'让我们坐下来讨论讨论，如果我们意见不同，不同之处在哪里，问题的症结在哪里？'那么，我是可能接受的。我们也许只在部分观点上不同。但大部分还是一致的。只要彼此有耐心，开诚布公，还是可以达到步调一致的。"威尔逊的这番说法显然还不及小洛克菲勒。

远在 1915 年的时候，小洛克菲勒还是科罗拉多州的一个不起眼的人物。当时，发生了美国工业史上最激烈的罢工，并且持续达两年之久。愤怒的矿工要求科罗拉多燃料钢铁公司提高薪水，小洛克菲勒正负责管理这家公司。由于群情激愤，公司的财产遭受破坏，军队前来镇压，因而造成流血冲突，不少罢工工人被射杀。

那样的情况，可说是民怨沸腾。小洛克菲勒后来却赢得了罢工者的信服，他是怎么做到的？

　　小洛克菲勒花了好几个星期结交朋友，并向罢工者代表发表谈话。那次的谈话可谓之不朽，它不但平息了众怒，还为他自己赢得了不少赞赏。演说的内容是这样的：

　　"这是我一生当中最值得纪念的日子，因为这是我第一次有幸能和这家大公司的员工代表见面，还有行政人员和管理人员。我可以告诉你们，我很高兴站在这里，有生之年都不会忘记这次聚会。假如这次聚会提早两个星期举行，那么对你们来说，我只是个陌生人，我也只认得少数几张面孔。由于上个星期以来，我有机会拜访整个附近南区矿场的营地，私下和大部分代表交谈过。我拜访过你们的家庭，与你们的家人见面，因而现在我们不算是陌生人，可以说是朋友了。基于这分互助的友谊，我很高兴有这个机会和大家讨论我们的共同利益。

　　"由于这个会议是由资方和劳工代表所组成，承蒙你们的好意，我得以坐在这里。虽然我并非股东或劳工，但我深觉与你们关系密切。从某种意义上说，也代表了资方和劳工。"

　　多么出色的一番演讲，这可是化敌为友的一种最佳的艺术表现形式之一。假如小洛克菲勒采用的是另一种方法，与矿工们争得面红耳赤，用不堪入耳的话骂他们，或用话暗示错在他们，用各种理由证明矿工的不是，你想结果如何？只会招惹更多的怨愤和暴行。

　　"假如人心不平，对你印象恶劣，你就是用尽所有基督理论也很难使他们信服于你。想想那些好责备的双亲、专横跋扈的上司、唠叨不休的妻子。我们都应该认识到一点。人的思想不易改变。你不能强迫他们同意于你，但你完全有可能引导他们，只要你温和友善。"

　　以上是林肯在 100 多年前所说的。

　　商界人士都知道，对罢工者表示出一种友善的态度是必要的。

　　举例来说，怀特汽车公司的某一工厂有 250 个员工，他们因要求加薪而举行罢工。当时的公司总裁罗伯·布莱克没有采取动怒、责难、恐吓或发表霸道谈话的做法，而是在报刊上刊登了一则广告，称赞那些罢工者"用和平的方法放下工具"。由于发现罢工无事可做，布莱克便买了许多球棒和手套让他们在空地上打棒球。有些人喜欢保龄球，他便租下了一个保龄球场。

布莱克先生富于人情味的举动，得到的当然是富有人情味的反应。那些罢工者找来了扫把、垃圾推车，开始把工厂附近的纸屑、烟头、火柴等垃圾扫除干净。想得到吗？一群罢工工人在争取加薪、承认联合公司成立的时候，清除工厂附近的地面！这在漫长、激烈的美国罢工史上是绝无仅有的。这次罢工终于在一星期内获得和解，并没有产生任何不快或遗恨。

如果你发起脾气，对人家说出一两句不中听的话，你会有一种发泄的痛快感。但对方呢？他会分享你的痛快吗？你那火药味的口气，敌视的态度，能使对方更容易赞同你吗？

因此，当你希望别人同意你的想法时，请记住这一条规则：

以一种友善的方式开始。

不管你是谁——你都可以是一个绝妙的人！然而某些个别的人可能不是这样想。如果你觉得他们对于你所说的话、所做的事反应不当，并含有不应有的对立，你对这事就要采取一些措施。他们，正同你一样，是通情达理的。

别人对你做出的令人不愉快的反应，可能是由于你所说的话以及你说这些话的方式或态度不当。话音往往能反映说话人的语气、态度和心中潜在的思想。你要认识到过失在于你，这可能是困难的，当你认识到过失确实在于你时，你要采取主动，改正错误，这或许是同样困难的——但是你能做到这一点。

如果别人说的话或者说话的方式使你的感情受到伤害，那就很可能是由于你自己说了什么错话或者说话的方式不对而冒犯了别人。确定了你的感情受到伤害的真正原因，你才能避免使得别人做出同样的反应。

如果你发现某人对你说话的声调和态度不大喜欢，你就应该避免使用这样的声调和态度，以免冒犯别人。

如果某人用一种发怒的声音向你叫喊而使你感觉十分不快，你就要想到你用那种声音对别人叫喊，也会使别人感到不快——即使他是你5岁的儿子，或者很亲密的亲戚。

如果一个人误解了你的好意，你就该表明你的真心，以消除误会。如果你喜欢受到称赞，如果你喜欢人家记住你，如果你得悉某人在怀念你，你就觉得高兴。你应该确信：如果你称赞别人，或者写一封短信，让他们知道你在想念他们，他们一定是很高兴的。

安慰伤心的人，是很难的。去丧宅、去医院、去见惨遭解雇的朋友，去遇上飞来横祸的同事家……人人心情都非常沉重，真不知该说什么好。

但是，人还是需要安慰的，流泪的日子，有贴心的人相伴，烦乱的心情就容易安定，比较能思考该何去何从。

所以，纵使"与喜乐的人同乐"比较简单，还是要试着"与哀伤的人同哭"。患难见真情，人在悲伤中更需要安慰，所以，具备安慰人的能力是十分必要的。

面对伤心的人，首先要有温柔的心，即使自己是对方的上司，也绝不能摆出高傲的姿态。如果是开车来，最好把车停在远处，走上一段路，以表示对受苦心酸者的尊重。安慰者的服装宜朴素，避免过度打扮。

安慰的话需出自真诚的爱心，若心中有爱，比千言万语的虚伪话更能帮助人。安慰时，多想到对方的苦、对方的好，就容易以心头激发出合宜的话。有些人的安慰是应付、是敷衍，反而增加了对方的痛苦。

具有建设性的安慰十分可贵，它的重点是：

1. 有前瞻性，多看未来。

2. 发展新观点，以新的角度看事情。

3. 想出着力点，具体突破。

4. 创造新远景，帮助对方看到更好的未来。

5. 协助对方制定改善步骤，并提供资源，鼓励对方积极执行。

不管对方的困境是什么，安慰者都可以协助想出可行的方法，然后在各种方法中找到自己特别能出力的部分，继续帮助。只要对方有了头绪，总算走出痛苦，你就容易出些力量，持续关怀。

查理·夏布是全美少数年收入超过百万美元的商人。1921 年，安德鲁·卡耐基慧眼独具，提名夏布为新成立的"美国钢铁公司"第一任总裁时，夏布才

38 岁。

为什么安德鲁·卡耐基每年要花 100 万聘请夏布先生呢？这几乎等于每天支付 3000 多美元。难道夏布先生确实是个了不起的天才？还是夏布先生对钢铁生产比别人懂得多？都不是。夏布先生亲口说，在他手下工作的许多人对钢铁制造其实都懂得比他多。

夏布说他之所以获得高薪，主要是因为他善于处理人事，管理人事。当问到他如何做到这一点，他跟我讲了下面这段话：

"我想，我天生具有引发人们热情的能力。促使人将自身能力发展到极限的最好办法，这就是赞赏和鼓励。

"来自长辈或上司的批评，最容易丧失一个人的志气。我从不批评他人，我相信奖励是使人工作的原动力。所以，我喜欢赞美而讨厌吹毛求疵。如果说我喜欢什么，那就是真诚、慷慨地赞美他人。"

这就是夏布成功的秘诀。

几句智慧的话，一两个传神的比喻，贴心的问候卡和关怀信……都可以做安慰人的辅助工具。平日不妨先准备着这些怎样鼓励也不会太过分。

"人生在世，必有苦难"，安慰者的工作虽沉重，但能给人安慰，是珍贵的。

每时每刻，我们都在享受着这个世界的给予。这是一个人心灵与生活的需要。美好的生存，均拜他人所赐。如果春风来了，没有一朵花响应而开，没有一棵草破土而出，春天又在哪里呢？友善的言与行，无疑是美好的，犹如一声呼喊，它同样需要回音。冷漠与冰凉，只会消磨友善者的美好初衷和道德激情。当这个世界对我们如此友善时，当它给予我们许多新鲜美好的事物时，不要让这个世界心存悬疑。不要让友善者的心变得冰冷和疲惫。颔首致意，微笑并且感恩——这就是我们给予友善最起码的应答。

懒惰是一种精神腐蚀剂

一个人的懒惰可以表现在生活的各个方面。不爱整理衣柜的人，通常也不爱处理矛盾。明明亲密关系出现了问题，宁愿沉积在心里也不愿意解决，小事变大，直到不可收拾。不爱规划时间的人，也一定不爱规划生活，做事拖沓、被动、缺少布局。允许房间和办公桌上积灰的人，也处理不好心灵的尘埃，遇到人生逆境，任由自己低落、颓废下去。

有些人终日游手好闲、无所事事，无论干什么都舍不得花力气、下功夫，但这种人的脑瓜子可不懒，他们总想不劳而获，总想占有别人的劳动成果，他们的脑子一刻也没有停止思维活动，他们一天到晚都在盘算着去掠夺本属于他人的东西。正如肥沃的稻田不生长稻子就必然长满茂盛的杂草一样，那些好逸恶劳者的脑子中就长满了各种各样的"思想杂草"。

无论王侯、贵族、君主还是普通市民都具有这个特点，人们总想尽力享受劳动成果，却不愿从事艰苦的劳动。懒惰、好逸恶劳这种本性是如此的根深蒂固、普遍存在，以至于人们为这种本性所驱使，往往不惜毁灭其他的民族，乃至整个社会。为了维持社会的和谐、统一，往往需要一种强制力量来迫使人们克服懒惰这一习性，不断地劳动。由此就产生了专制政府，英国哲学家穆勒这样认为。

无论是对个人还是对一个民族而言，懒惰都是一种堕落的、具有毁灭性的东西。懒惰、懈怠从来没有在世界历史上留下好名声，也永远不会留下好名声。懒惰是一种精神腐蚀剂，因为懒惰，人们不愿意爬过一个小小山岗；因为懒惰，人们不愿意去战胜那些完全可以战胜的困难。

因此，那些生性懒惰的人不可能在社会生活中成为一个成功者，他们永远是失败者。成功只会光顾那些辛勤劳动的人们。懒惰是一种恶劣而卑鄙的精神重负。人们一旦背上了懒惰这个包袱，就只会整天怨天尤人，精神沮丧、无所事事，这种人完全是无用的之人。

亚历山大征服波斯人之后，他有幸目睹了这个民族的生活方式。亚历山大注意到，波斯人的生活十分腐朽，他们厌恶辛苦的劳动，却只想舒适地享受一切。亚历山大不禁感慨道："没有什么东西比懒惰和贪图享受更容易使一个民族奴颜婢膝的了；也没有什么比辛勤劳动的人们更高尚的了。"

有一位外国人周游过世界各地，见识十分丰富。他对生活在不同地位、不同国家的人有相当深刻的了解，当有人问他不同民族的最大的共同性是什么，或者说最大的特点是什么时，这位外国人用不太流畅的英语回答道："好逸恶劳乃是人类最大的特点。"

英国圣公会牧师、学者、著名作家伯顿给世人留下了一本内容深奥却十分有趣的书《忧郁的剖析》——约翰逊说，这是唯一一本使他每天提早两个小时起来拜读的书——伯顿在书中提出了许多特别独到而精辟的论断。

他指出：

精神抑郁、沮丧总是与懒惰、无所事事联系在一起的。"懒惰是一种毒药，它既毒害人们的肉体，也毒害人们的心灵，"伯顿说，"懒惰是万恶之源，是滋生邪恶的温床；懒惰是七大致命的罪孽之一，它是恶棍们的靠垫和枕头，懒惰是魔鬼们的灵魂……一条懒惰的狗都遭人唾弃，一个懒惰的人当然无法逃脱世人对他的鄙弃和惩罚。再也没有什么事情比懒惰更加不可救药的了，一个聪明然而却十分懒惰的人本身就是一种灾祸，这种人必然成为邪恶的走卒，是一切恶行的役使者，因为他们的心中已经没有劳动和勤劳的地位，所有的心灵空间必然都让恶魔占据了，这正如死水一潭的臭水坑中的各种寄生虫，各种肮脏的爬虫都疯狂地增长一样，各种邪恶的、肮脏的想法也在那些生性懒惰的人们的心中疯狂地生长，这种人的心思灵魂都被各种邪恶的思想腐蚀、毒化了……"

伯顿对于同一个问题有大量的论述。《忧郁的剖析》这本书的深刻思想也集中体现在该书的这段结束语中。伯顿在该书的最后部分说：

"你千万要记住这一条——万万不可向懒惰和孤独、寂寞让步，你必然切实地遵循这一原则，无论何时何地也不要违背这一原则，只有遵循这一原则，你的身心才有寄托和依归，你才会得到幸福和快乐；违背了这一原则，你就会跌入万劫不复深渊。这是必然的结果、绝对的律令。记住这一条：千万不可懒惰，万万不可精神抑郁。"

懒惰这个恶魔总是在黑夜中出现，它直视那些头脑中长满了这些"思想杂草"的懦夫，并时时折磨他们、戏弄他们：

"正义之神正是派遣这些恶魔来折磨那些懒惰、无所事事的人。"

真正的幸福决不会光顾那些精神麻木、四体不勤的人们，幸福只在辛勤的劳动和晶莹的汗水中。懒惰，只有懒惰才会使人们精神沮丧、万念俱灰；劳动，也只有劳动才能创造生活。给人们带来幸福和欢乐。任何人只要劳动，就必然要耗费体力和精力，劳动也可能会使人们精疲力竭，但它绝对不会像懒惰一样使人精神空虚、精神沮丧、万念俱灰。

一位智者认为劳动是治疗人们身心病症的最好药物。马歇尔·霍尔博士认为："没有什么比无所事事、空虚无聊更为有害的了。"一位大主教认为："一个人的身心就像磨盘一样，如果把麦子放进去，它会把麦子磨成面粉，如果你不把麦子放进去，磨盘虽然也在照常运转，却不可能磨出面粉来。"

那些游手好闲、不肯吃苦耐劳的人总是有各种漂亮的借口，他们不愿意好好地工作、劳动，却常常会想出各种主意和理由来为自己辩解。确实，一心想拥有某种东西，却害怕或不敢或不愿意付出相应的劳动，这是懦夫的表现。无论多么美好的东西，人们只有付出相应的劳动和汗水，才能懂得这美好的东西是多么来之不易，因而愈加珍惜它，人们才能从这种"拥有"中享受到快乐和幸福，这是一条万古不易的原则。即使是一份悠闲，如果不是通过自己的努力而得来的，这份悠闲也就并不甜美。不是用自己劳动和汗水换来的东西，你就没有为它付出代价，你就不配享用它。

在现实社会生活中，无论一个人处在什么样的社会阶层，他具有什么样的地位和身份，他都必须或者说有义务去努力劳动。无论是穷人还是富人、达官显要还是普通市民都必须各司其职、各尽其力，各尽所能，为社会做出自己的应尽的贡献。但有些人却偏偏会这样去做——白吃白喝一辈子，从来没有为社会做出自己的贡献。

懒惰、无所事事从来就不是一种荣耀，更不应该成为一种特权。尽管在这个社会上有许多卑鄙的小人极满足于白吃白喝，并以大肆挥霍、浪费为荣，但那些稍有头脑、有抱负、有良知的人们毫无疑问会鄙夷他们。这些堕落的贵族与他们自己享有的尊贵荣誉完全不相符合，他们早已成了行尸走肉，已经不具有良知和人性了。

懒惰是带有杀伤性的，除了不能给亲密的人带来福泽，更大的危害在于自己。古人说：一屋不扫，何以扫天下。如果连自己的日子都疲于应付，那得到爱的可能性就微乎其微了。善于操持自己，是好运的开始。

保持平静、理智的巅峰型情境

愤怒，也是选择的一种。大多数时候，愤怒没有好处，它是一种破坏性的情感。从你嘴中喷出去的愤怒，会变成痛苦并重新回到你身上，连原来你身边的那些幸运天使们都会一个个离你而去。人生有起有落，这本是世界的常理。活着的过程就是积累"因果"的过程。如果你觉得冤屈，因而把愤怒指向其他人，那么，你不仅不能清除过去的恶因，还会埋下未来的恶因，厄运就要被召唤来了。"如果生气了，那就从一数到十；如果想杀掉对方，那就从一数到一百。"

一个人愈是在意自己没有办法的事，他就会愈生气，愈觉得事情无法控制。

生气发怒所表示的是：你觉得自己没办法控制情况，不管情况是关于一个人迟到了、某件机器出现故障了或者碰上交通阻塞。愤怒的起因是由于你将注意力集中在你不能控制的事情上。

一位总裁因为下级未能准备好给董事会的报告而暴跳如雷，这种情绪使他无法冷静下来思考补救方法。否则他可以让对方确定究竟报告要迟交多久，他可以向与会的人解释情形，或许另外再决定个会议时间；他也可以拟出另一个变通的计划，将还在研究的计划做个摘要的介绍。

解决愤怒的包围，关键就是让你的思维由控制不了的事物转移到可以控制的方面。当你碰到机器故障或同事迟到时，你犯不着大发脾气，浪费自己的精力；相反地，你可以采取办得到的行动，让自己保持巅峰型的冷静，在这种状态下，你才能发挥控制力，使你付出的精力收到建设性的效果，而不是徒然消耗元气，于事无补。

有些在你意料之外的事发生了，这是难免的。设想一下，遇到交通阻塞，所有车辆全都动弹不得。而你正要准备去参加一个很重要的会议，你心里明白，就算这回到得了会场，也绝对迟到了。气得你捶胸顿足，可是一点办法也没有。

后来，等你的头脑清醒一点时，你自问："我能够把这种交通情况怎么样呢？"

你的反应是："没办法！这是我没办法控制的。"领悟到这个事实后，你会发现自己竟很不可思议地舒了一口气，整个人放松了，仿佛肩头上突然卸下了千斤重担。你的确没有一点办法让公路恢复畅行无阻。

"好吧！"你对自己说，"那么在这场混乱里，我能做什么呢？"

你决定把自己的展示说明预先演练一下，同时花些时间推想可能出席会议的人和他们要提出的讨论事项。

等你把这些都想得差不多了，你顺便浏览四周的人们。结果，当你抵达会场时，心情愉快，而且比以往准备得更充分。当别人对你的迟到显出不满时，也由于你的心情，很快就化解平息了。

由此可见，即使碰到意外情况，表面上看，似乎超出你的控制范围，但是总会有一些你可以办得到的事情帮你保持平静、理智的巅峰型情境。

愤怒就像是双刃刀，既可能会让社会进步，也可能会给社会造成极大的危害。因此，出现愤怒情绪时将之引向积极而具有生产性的结果是非常重要的。尤其是考虑到愤怒具有的惊人能量，我们一定要发挥自己的智慧，让它转变为具有积极性、建设性、创造性的力量。愤怒也可以比作江水，既有可能造成洪水泛滥，也有可能被用来水力发电。

拒绝 "无能为力" 的想法

人们心中的困惑很多，但归根结底，都是由于人们的固执己见造成的。不要说自己受过教育、素质高、对人很宽厚，那只是片面的表象，实际上每个人都会有固执的一面，而且一旦固执起来就很难改变。

当你确定了目标以后，下一步便是鉴定自己的目标，或者说鉴定自己所希望达到的领域。如果你决心有所改变，就必须考虑到改变后是什么样子；如果你决定解决某一问题，就必须考虑到解决中可能遇到的困难是什么。

当描述了理想的目标以后，你必须研究一下达到该目标所需的时间、财力、人力的花费是多少，你的选择、途径和方法只有经过检验，方能估量出目标的现实性。你或许会发现自己的目标是可行的，否则，你就要量力而行，修改自己的目标。

有许多满怀雄心壮志的人毅力很坚强，但是由于不会进行新的尝试，因而无法成功。请你坚持你的目标吧，不要犹豫不前，但也不能太生硬，不知变通。如果你确实感觉行不通的话，就尝试另一种方式吧。

那些百折不挠，牢牢掌握住目标的人，都已经具备了成功的要素。下面两个建议一旦和你的毅力相结合，你期望的结果便更易于获得。

1. 告诉自己 "总会有别的办法可以办到"。

每年有几千家新公司获准成立，可是五年以后，只有一小部分仍然继续营运。那些半路退出的人会这么说："竞争实在是太激烈了，只好退出为妙。"真正的关键在于他们遭遇障碍时，只想到失败，因此才会失败。

如果你认为困难无法解决，就会真的找不到出路。因此一定要拒绝"无能为力"的想法。

2.先停下，然后再重新开始。我们时常钻进牛角尖而不知自拔，因而看不出新的解决方法。

成功者的秘诀是随时检查自己的选择是否有偏差，合理地调整目标，放弃无谓的固执，轻松地走向成功。

两个贫苦的樵夫靠着上山捡柴糊口，有一天在山里发现两大包棉花，两人喜出望外，棉花价格高过柴薪数倍，将这两包棉花卖掉，足可供家人一个月衣食无虑。当下两人各自背了一包棉花，便欲赶路回家。

走着走着，其中一名樵夫眼尖，看到山路上扔着一大捆布，走近细看，竟是上等的细麻布，足足有十多匹之多。他欣喜之余，和同伴商量，一同放下背负的棉花，改背麻布回家。

他的同伴却有不同的看法，认为自己背着棉花已走了一大段路，到了这里丢下棉花，岂不枉费自己先前的辛苦，坚持不愿换麻布。先前发现麻布的樵夫屡劝同伴不听，只得自己竭尽所能地背起麻布，继续前行。

又走了一段路后，背麻布的樵夫望见林中闪闪发光，待近前一看，地上竟然散落着数坛黄金，心想这下真的发财了，赶忙邀同伴放下肩头的麻布及棉花，改用挑柴的扁担挑黄金。

他同伴仍是那套不愿丢下棉花，以免枉费辛苦的论调；并且怀疑那些黄金不是真的，劝他不要白费力气，免得到头来一场空欢喜。

发现黄金的樵夫只好自己挑了两坛黄金，和背棉花的伙伴赶路回家。走到山下时，无缘无故下了一场大雨，两人在空旷处被淋了个湿透。更不幸的是，背棉花的樵夫背上的大包棉花，吸饱了雨水，重得完全无法再背得动，那樵夫不得已，只能丢下一路辛苦舍不得放弃的棉花，空着手和挑金的同伴回家去。

一个非常干练的推销员，他的年薪有六位数字。很少有人知道他原来是历史系毕业的，在于推销员之前还教过书。

这位成功的推销员这样回忆他前半生的道路：

"事实上我是个很没趣的老师。由于我的课很沉闷，学生个个都坐不住，所以，我讲什么都听不进去。我之所以是没趣的老师，是因为我已厌烦教书生涯，毫无兴趣可言，但这种厌烦感却在不知不觉中也影响到学生的情绪。最后，校方终于不与我续约了，理由是我与学生无法沟通。其实，我是被校方免职的。当时，我非常气愤，所以痛下决心，走出校园去闯一番事业。就这样，我才找到推销员这份胜任并且愉快的工作。

"真是'塞翁失马，焉知非福。'如果我不被解聘，也就不会振作起来！基本上，我是很懒散的人，整天都病恹恹的。校方的解聘正好惊醒我的懒散之梦，因此，到现在为止，我还是很庆幸自己当时被人家解雇了。要是没有这番挫折，我也不可能奋发图强起来，而闯出今天这个局面。"

坚持是一种良好的品性，但在有些事上，过度的坚持，会导致更大的浪费。

历史上的永动机，就使很多人投入了毕生的精力，浪费了大量的人力物力。因此，在一些没有胜算把握和科学根据的前提下，应该见好就收，知难而退。

有人认为：如果没有成功的希望，屡屡试验是愚蠢的、毫无益处的。

诺贝尔奖得主莱纳斯·波林说："一个好的研究者知道应该发挥哪些构想，而哪些构想应该丢弃，否则，会浪费很多时间在差劲儿的构想上。"有些事情，你虽然用了很大的努力，但你迟早要发现自己处于一个进退两难的地位，你所走的研究路线也许只是一条死胡同。这时候，最明智的办法就是抽身退出，去研究别的项目，寻找成功的机会。

牛顿早年就是永动机的追随者。在进行了大量的实验之后，他很失望，但他很明智地退出了对永动机的研究，在力学中投入更大的精力。最终，许多永动机的研究者默默而终，而牛顿却因摆脱了无谓的研究，而在其他方面脱颖而出。

在人生的每一个关键时刻，审慎地运用智慧，做最正确的判断，选择正确的方向，同时别忘了及时检视选择的角度，适时调整。放掉无谓的固执。冷静地用开放的心胸做正确抉择。每次正确无误的抉择将指引你走在通往成功的坦途上。

有的人失败，不是没有本事，而是定错了目标，成功者为避免失败，时刻检查目标是否合乎实际，合乎道德。

阿尔弗莱德·福勒出身于贫苦的农场家庭，成年后，他虽然努力却失去了三份工作。之后，他尝试推销刷子，他立刻明白了，他喜欢这种工作。他将思想集中于从事世界上最好的销售工作。

他成了一个成功的销售员。在攀登成功阶梯时，他又定下一个目标：那就是创办自己的公司。如果他能经营买卖，这个目标就会十分适合他的个性。

阿尔弗莱德·福勒停止了为别人销售刷子，第二天就出售自己的产品。销售额开始上升时，他就在一所旧棚房里租下间空房，雇用了一名助手，为他制造刷子。他本人则集中精力于销售。那个最初失去三份工作的人得到了什么样的最终结果呢？

福勒制刷公司拥有几千名销售员和数百万美元的年收入！

一个人要获得事业上的成功，首先要有目标，这是人生的起点。没有目标，就没有动力，但这个目标必须是合理的即合乎实际情况和客观规律、合乎社会道德的，如果不是，那么，即使你再有本事，付出千百倍努力，也不会获得成功。

固执是每个人都会有的，有时是别人的错误，不妨去心甘情愿地与他沟通，尝试着从另一个角度来看问题；有时是我们的错误，由于想推卸责任而去指责别人，没说的，你应该道歉；工作中，承诺去理解并尊重对方的工作模式，在此基础上，共同创建新的合作关系。学会宽容，以仁者之心待人，对于人际关系和个人生活，承担起全部责任，因为，你是你生命的主宰。

自然界和人类社会都存在很多未知因素，一个人做事情很难说能有100%的把握，80%就算很不错了。面对不可预料的未来，人类感觉到了自身的渺小、命运的无常，于是对自己生活的世界就有了一种敬畏感和无力感。在这种情绪的作用下，很多人就忍不住也像周武王那样去占卜一下。

　　人在压力和危机面前，最先受到挑战的就是自己的信念系统。如果信念系统崩溃，那么整个人就会垮掉。如果保持坚定的信念，那么即使再苦再难也能够勇敢地闯过去。

　　那么如何构建和保持个人信念体系呢？主要的方法包括：

　　反复暗示，经常回想自己的出色表现；

　　找到崇拜者，接受他们的鼓舞；

　　在平凡琐碎的背后找到更远大的意义；

　　找一个榜样，像榜样那样生活；

　　给自己立规矩，从小事开始磨炼自己的意志。

成功者的内在标准

洪应明先生在《菜根谭》中说："富贵名誉，自道德来者，如山村中花，自是舒徐繁衍；自功业来者，如盆槛中花，便有迁徙兴废。若以权力得者，如瓶钵中花，其根不植，其萎可立而待矣。"

以德立身贯穿于每个人的人生全部过程，在人生的不同阶段，道德对于人的要求虽有着不同的变化，每个人体验和经历的内容也不一样，但是，"以德立身"的人生支柱是不变的，它对每个人人生大厦起着支撑作用的定律是不变的。"德"是指一个人的品性、德行。我们很难想象，一个品行不端、德行糟糕的人能结识真正的朋友，获得长久的事业成功。这样的人很难有人能与之长期合作，因为这种人不是搞一锤子买卖，就是过河拆桥；这种人在家庭中，也会做出不道德的事情，极有可能造成对方和孩子的痛苦和不幸；他们还甚至可能因为某种利益的驱动，铤而走险而落入法网……

要走向成功，需要以德立身，这是一个成功者必须确立的内在标准，没有这个内在的标准，人生之路就会失去支撑，最终导致失败将是必然的。

但必须知道，以德立身，还必须以自律为前提，一味讲"哥儿们义气"并不在以德立身之列。俗话说："近朱者赤，近墨者黑。"在社会上，缺德之友最终会成为自己成功路上的定时炸弹。例如，明知这笔贷款不合手续，但因为对方是朋友，所以大开绿灯；明知这个项目不能担保、因为受朋友的委托，所以还是办妥了。诸如此类经济犯罪案件多数发生在年轻人身上，他们重朋友、讲义气，交往中自以为彼此很了解底细，因此在合作中绝对信任对方，毫无防备，不能办的事也不好意思拒绝，这样，如果被缺德之人利用，必然会毁了自己的前程。

以德立身贯穿于每个人的人生全部过程，在人生的不同阶段，道德对于人的要求虽有着不同的变化，每个人体验和经历的内容也不一样，但是"以德立身"的人生支柱是不变的，它对每个人的人生大厦起着支撑作用的定律是不变的。

富兰克林是美国资产阶级革命时期民主主义者、著名的科学家，一生受到人们的爱戴和尊敬。但是，富兰克林早年的性格非常乖戾，无法与人合作，做事经常碰壁。

富兰克林在失败中总结经验，他为自己制定了13条行为规范，并严格地执行，他很快为自己铺就了一条通向成功的道路：

1. 节制：食不过饱，饮不过量，不因为饮酒而误事。

2. 缄默：不利于别人的话不说，不利于自己的话不讲，避免浪费时间的琐碎闲谈。

3. 秩序：把所有的日常用品都整理得井井有条，把每天需要做的事排出时间表，办公桌上永远都不零乱。

4. 决断：决心履行你要做的事，必须准确无误地履行你所下定的决心，无论什么情况都不要改变初衷。

5. 节约：除非是对别人或是对自己有什么特殊的好处，否则不要乱花钱，不要养成浪费的习惯。

6. 勤奋：不要荒废时间，永远做有意义的事情，拒绝去做那些没有多大实际意义的事情，对于自己的人生目标永不间断。

7. 真诚：不做虚伪欺诈的事情，做事要以诚挚、正义为出发点，如果你要发表见解，必须有根有据。

8. 正义：不做任何伤害或者忽略别人利益的事。

9. 中庸：避免极端的态度，克制对别人的怨恨情绪，尤其要克制冲动。

10. 清洁：不能忍受身体、衣服或住宅的不清洁。

11. 镇静：遇事不要慌乱，不管是普通的琐碎小事还是不可避免的偶然事件。

12. 贞洁：要清心寡欲，如果不是有益于身体健康或者是为了传宗接代，尽量少行房事。绝不做任何干扰自己或别人生活的事，也不要做任何有损于自己和别人名誉的事情。

13. 谦逊：要向耶稣和苏格拉底学习。

要抵得住享乐的诱惑，要抵得住金钱的勾引，不要有非分之想，不为别人的行为而动，不为别人的言论而动，也不可能有任何诱惑和利益使你去做你明明知道是邪恶的事情。

这样你会终生快乐，良心是永恒的圣诞节。由此可见，道德是铺就成功之路的基石，按照富兰克林的办法，您不妨试试。

没有道德修养，仅靠功名、机遇或者是非法手段求得的福，千万要警惕，它们不是不能长久，转瞬即逝，就是意味着灾难，伴随着毁灭。只有那些德行高尚的人，才能领悟个中道理，保住一生平安。

第8章

强大，从心灵开始

做一个内心强大的人

太多时候，我们烦恼、痛苦、无助、无力，不是因为他人对我们不好，不是因为世界对我们不好，不是因为社会环境太差，而是因为，我们总是以不健康的生活方式折腾身体，使其问题重重，我们总是被过多的欲望、杂念所影响，致使内心乱如麻。这样的身心环境，让我们内在的能量运行混乱，产生太多的互相干扰和抵消。于是，我们的大部分能量都被自己消耗了，我们越来越无力、越来越空虚、越来越消极、越来越容易生病，越来越容易产生负面情绪，整个人的状态越来越差。

如果你想要成功，一定要注意保持身心健康，健康欠佳将会减弱你的决策能力，使你做出种种判断和不正确的决定。一切成就，一切财富，都始于健康的身心。

任何人的强大都必须从自己的心灵强大开始，否则他依旧是一个脆弱的人，不可能真正成功。

有这样一个很生动的小故事：

有个人心里潜藏着一个恶魔。因为心里只有一个鬼独自居住，觉得很孤单，所以就出去找朋友。他来来去去徘徊不已，觉得累了，就说："我要回家去。"他把那个人的身体作为自己的家，好像他在那里做事似的。可是当他再回到那个人的身体里去时，他发现原来住的地方已经打扫过、清洁过，一切都是空空的了。因为独自一个人住太无聊，所以他又出去，绕圈子，找了 7 个比他还要坏的恶魔，合成一伙儿，再搬进去，就在那里定居了。

一个人如果心胸空空，便会发生这样的悲剧。因为这对于恶魔是最大的诱惑。

假使一个人的心中有8个恶魔在那里玩捉迷藏游戏，该是怎么样的呢？那他就太忙了，由于自己管不住，他的心就一无防备了。可是这个人不一定是个坏人，他也许是一个有用的能干的人，也许他还在从事着好几种促进人类幸福的事业。

哈佛大学教务长勃里格是大家最敬爱的人物。可是据为他写传记的作者说，从来没有人像他那样，因为心里过于紧张而受苦。每天终了，他要为已做的或没有做的事而痛楚。因为工作太多，他就高高地悬浮在这些事的上层，心中不免烦躁，因此常常会同人家闹翻。就因为心境毫无戒备，所以有许多芝麻绿豆无关紧要的小事，往往弄得他筋疲力尽。所以每天黄昏，原本可以停下来休息一会儿的，可是他却仍在折磨自己。假使他觉得对某一个新生责罚太重了，就会整夜都睡不好。假使他竟一时想不起旧生的姓名，晚上就会吃不下饭。原来一个完美、机灵、可爱的人物，因为受恶鬼的作弄，因而破坏了后半生的生活。

创造进化论的达尔文，在他的传记中说，因为他漠视自己的心，所以也曾遭受惨痛的损失。年轻时，他爱好音乐，也爱莎士比亚的灿烂诗篇。可是因为要写科学论文，长期钻研事理，因此无暇兼顾早年所爱好的音乐和诗。他认为这是一项损失，因为直到晚年，仅仅从事科学研究使他心灵空虚贫乏。所以如果我们不能找到更好的东西，而把许多美好的事物放弃，那是很不明智的。

另有一种我们早已熟悉的恐惧，是怕这个世界有一天会瓦解。有一个科学家曾以《无处藏身》为书名，来描写这种惨状，把我们吓得面色苍白。我们大多是在这种被恐吓的环境下长大的，因为这是使用起来最为方便的武器。

人生愈来愈枯燥，愈艰难，所以我们虽还未老迈，便饱尝忧患。如果我们不花些功夫，在精神上培养良好的习惯，有充沛活跃的信心，那么我们的心便毫无隐蔽戒备。所以至少我们该把身心两者同样看重才是。

　　我们对饮食往往非常考究，可是灵性的粮食却取之于垃圾箱，只读一些肮脏腐败的书籍。所以保罗对青年朋友说："你要保守你的心。"要谨防会歪曲人生的恶劣影响，因为我们心里怎么想，都表现在人格上。

　　对于我们每个人来说，我们都拥有极其强大的能量，我们都拥有不可想象的潜能，我们需要做的是，努力让自己的身心合一，能量和谐，这才能发挥出蕴藏在我们内在的强大能量。

从自卑中挣脱出来

人人都有自卑感，只是程度不同而已。自卑，现代汉语词典解释为：轻视自己，认为自己不如别人。心理学上是指在和别人比较时，低估自己而产生的情绪体验，是一种心理上的缺陷。自卑有如"双刃之剑。"不同的心态，生出不同的结局。成功者充满自信，活力洋溢；自卑者看重了自己的缺陷与不足，丧失信心，悲观失望，不思进取。我们大可不必为自己貌丑而自惭形秽，也不必因没有过人才华而长吁短叹，只要我们有一颗平常心，一股不竭的精神，树立信心，化自卑为一腔激奋，定将成就一番事业。

据统计，世上有92%的人是因为对自己信心不足，而不能走出生存的困境。这种人就像一棵脆弱的小草一样，毫无信心去经历风雨。这就是说，缺乏自信，而在自卑的陷阱中爬来爬去，是这些人最大的生存危机，自然就会导致失败。如果不能从自卑中挣脱出来，那么就成不了一个能克服危机的人。

自卑是害人的毒药，甚至是杀人的利器。请看下面的例子：

有一次，松下电器公司招聘一批基层管理人员，采取笔试与面试相结合的方法。计划招聘10人，报考的却有几百人。经过一周的考试和面试之后，通过电子计算机计分，选出了10位佼佼者。当松下幸之助将录取者一个个过目时，发现有一位成绩特别出色、面试时给他留下深刻印象的年轻人未在10人之列。这位青年叫神田三郎。于是，松下幸之助当即叫人复查考试情况。结果发现，神田三郎的综合成绩名列第二，只因电子计算机出了故障，把分数和名次排错了，导致神田三郎落选。松下立即吩咐纠正错误，给神田三郎发录用通知书。

第二天松下先生却得到一个惊人的消息：神田三郎因没有被录取而一下子自卑起来，于是跳楼自杀了。录用通知书送到时，他已死了。

听到这一消息，松下沉默了好长时间，一位助手在旁也自言自语："多可惜，这么一位有才干的青年，我们没有录取他。"

"不，"松下摇摇头说，"幸亏我们公司没有录用他。意志如此不坚强的人是干不成大事的。"

人生不如意十之八九，因为求职未被录取而拿死亡来解脱自卑的情绪，是非常可惜的。成功根源于坚忍不拔的意志，这正是有些自卑者所缺少的。当我们看到鲜花和荣誉环绕之下的成功之士时，不要仅仅将其归功于机遇与环境，应当牢记：意志是克服自卑的垫脚石。

"成功者"与"普通者"的性格区别在于，成功者充满自信、活力洋溢；而普通人即使腰缠万贯、富甲一方，内心却往往灰暗而脆弱。

那么，他们的共同点又是什么呢？就是人类与生俱来的自卑感。

自卑是许多人身上明显存在的生存危机，因为这些人在自信者面前都是脆弱的软体动物。自卑是一种消极自我评价或自我意识，即个体认为自己在某些方面不如他人而产生的消极情感，是一种危机心态。自卑感就是个体把自己的能力、品质评价贬低的一种危机的自我意识——具有自卑感的人总认为自己事事不如人，自惭形秽，丧失信心，进而悲观失望，不思进取：一个人若被自卑感所控制，其精神生活将会受到严重的束缚，聪明才智和创造力也会因此受到影响而无法正常发挥作用。所以，自卑是束缚创造力的一条绳索。

著名的奥地利心理分析学家 A·阿德勒在《自卑与超越》一书中提出了富有创见性的观点，他认为人类的所有行为，都是出自"自卑感"以及对于"自卑感"这种生存危机的克服和超越。

阿德勒认为人人都有自卑感，只是程度不同而已。他说，因为我们都发现我们自己所处的地位是我们希望加以改进的，一个人欲求的这种改进是无止境的，因为一个人的需要是无止境的。所以人类不可能超越宇宙的博大与永恒，也无法挣脱自然法则的制约，也许这就是人类自卑的最终根源。当然，从哲学角度对人类整体状况分析，人类产生自卑是无条件的，不过，对于具体的个人，自卑的形成则是有条件的。

阿德勒自己就有过这样的体会：他念书时有好几年数学成绩不好，在教师和同学的消极反馈下，强化了他数学低能的印象。直到有一天，他出乎意料地发现自己会做一道难倒老师的题目，这才成功地改变了他对自己数学低能的认识，这是对自己曾经挫败的纠正。可见，环境对人的自卑的产生有不可忽视的影响。某些低能甚至有生理、心理缺陷的人，在积极鼓励、扶持宽容的气氛中，也能建立起自信，发挥出最大的潜能。

令人惊奇的是，一个人自卑的危机在很大程度上源于环境和童年。从主体角度来看，自卑危机的形成虽与环境因素有关，但其最终形成还受到个体的生理状况、能力、性格、价值取向、思维方式及生活经历等个人因素的影响，尤其是其童年经历的影响。弗洛伊德认为，人的童年经历虽然会随着时光的流逝而逐渐淡忘，甚至在意识层中消失，但仍将顽固地保存于潜意识中，对人的一生产生持久的影响力。所以，童年经历不幸的人更易产生自卑。

良好的个人因素对自卑的危机克服有重大的影响，同时它也是建立自信的基础。面面俱到的优秀者、强者肯定与自卑无缘，问题是世上没有一个人能在生理、心理、知识、能力乃至生活的各方面都是一个强者、优秀者，即所谓："金无足赤，人无完人"。因此从理论上说，天下无人不自卑，自卑危机的情形在任何人身上都可能产生，几乎所有的人都存在自卑感，只是表现的方式和程度不同而已。

拿破仑·希尔认为一般情况下，人们的自卑感的表现形式和行为模式大致有如下几种：

1. 孤僻怯懦型

深感自己处处不如别人，"谨小慎微"成了这类人的座右铭。他们像蜗牛一样潜藏在"贝壳"里，不参与任何竞争，不肯冒半点风险。即便是遭到侵犯也听之任之，逆来顺受、随遇而安，或在绝望中过着离群索居的生活。

2. 咄咄逼人型

当一个人的自卑感在最强烈的时候，采用屈从怯懦的方式不能减轻其自卑之苦，则转为好争好斗方式：脾气暴躁，动辄发怒，即便为一件微不足道的小事也会寻求各种借口挑衅闹事。

3. 滑稽幽默型

扮演滑稽幽默的角色，用笑声来掩饰自己内心的自卑，这也是常见的一种自卑的表现形式。美国著名的喜剧演员费丽丝·蒂勒相貌丑陋，她为此而羞怯、孤独、自卑，于是她运用笑声，尤其是开怀大笑，以掩饰内心的自卑。

4. 否认现实型

这种行为模式是自己不想看到，也不愿意思考自卑情绪产生的根源，而采取否认现实的行为来摆脱自卑。如借酒消愁，以求得精神的暂时解脱等方法。

5. 随波逐流型

由于自卑而丧失信心，因此竭尽全力使自己和他人保持一致，唯恐有与众不同之处。害怕表明自己的观点，放弃自己的见解和信念，努力寻求他人的认可，始终表现出一种随大流的状态。

上述各种自卑心理的表现形式，都是对自卑的消极适应方法，也称消极的"自我防卫"。心理学家实验证实，消极的自我防卫，会使精力大量地消耗在逃避困难和挫败的威胁上，因而往往难以用于"创造性的适应"，使自己有所作为。这是自卑的消极方面。

无论是伟人还是平常人，都会在某一些方面表现出优势，在另一些方面表现出危机，也会或多或少地遭受挫折或得到外部环境的消极反馈。但值得注意的是，并非所有危机和挫败都会给人带来沉重的心理压力，导致自卑。一个自觉克服危机者能克服自卑、超越自卑，其重要原因是他们善于运用调控方法提高心理承受力，使之在心理上阻断消极因素的交互作用。一般情况下，一个自觉克服危机者运用的调控方法主要有以下几种：

1. 认知法

就是通过全面、辩证地看待自身情况和外部评价，认识到人不是神，既不可能十全十美，也不会全知全能这样一种现实。人的价值追求，主要体现在通过自身智力，努力达到力所能及的目标，而不是片面地追求完美无缺。对自己的弱项或遇到的挫折，持理智的态度，既不自欺欺人，也不将其视为天塌地陷的事情，而是以积极的方式应对现实，这样便会有效地消除自卑。

2. 转移法

将注意力转移到自己感兴趣也最能体现自己价值的活动中去，可通过致力于书法、绘画、写作、制作、收藏等活动，从而淡化和缩小弱项在心理上的自卑阴影，缓解心理的压力和紧张。

3. 领悟法

领导法也叫心理分析法，一般要由心理医生帮助实施。其具体方法是通过自由联想和对早期经历的回忆、分析，找出导致自卑心态的深层原因，使自卑症结经过心理分析返回意识层，让求助者领悟到：有自卑感并不意味自己的实际情况很糟，而是潜藏于意识深处的症结使然，让过去的阴影来影响今天的心理状态，是没有道理的。从而使人有"顿悟"之感，从自卑的情绪中摆脱出来。

4. 作业法

如果自卑感已经产生，自信心正在丧失，可采用作业法。方法是先寻找某件比较容易也很有把握完成的事情去做，成功后便会收获一份喜悦，然后再找另一个目标。在一个时期内尽量避免承受失败的挫折，以后随着自信心的提高逐步向较难、意义较大的目标努力，通过不断取得的成功使自信心得以恢复和巩固。一个人自信心的丧失往往是在持续失败的挫折下产生的，自信心的恢复和自卑感的消除也得以一连串小小的成功开始，每一次成功都是对自信心的强化。自信恢复一分，自卑的消极体验就将减少一分。

5. 补偿法

即通过努力奋斗，以某一方面的突出成就来补偿生理上的缺陷或心理上的自卑感（劣等感）。有自卑感就是意识到了自己的危机，就要设法予以补偿。强烈的自卑感，往往会促使人们在其他方面有超常的发展，这就是心理学上的"代偿作用"。即是通过补偿的方式扬长避短，把自卑感转化为自强不息的推动力量。耳聋的贝多芬，却成了划时代的"乐圣"；少年坎坷艰辛的霍英东，没有实现慈母的期望成为一代学子，"不是读书的材料"的他，后来却在商界大展宏图。许多人都是在这种补偿的奋斗中成为出众的人的。古人云"人之才能，自非圣贤，有所长必有所短，有所明必有所敝"，故从这个角度上说，天下无人不自卑。通往克服危机的道路上，完全不必为"自卑"而彷徨，只要把握好自己，克服危机的路就在脚下。

一个自觉克服危机的人当然是强者。强者不是天生的，强者也并非没有软弱的时候，强者之所以成为强者，正在于他善于战胜自己的软弱。拿破仑·希尔告诉我们：尽量不要理会那些使你认为你不能成功的疑虑，勇往直前，拼到挫败也要去做做看，其结果往往并非真的会失败。久而久之，你会从紧张、恐惧、自卑的束缚中解脱出来。医治自卑的对症良药就是：不甘自卑，发愤图强，予以补偿。

再看一个例子：

威尔逊先生是一位成功的商业家，他从一个普普通通的事务所小职员做起，经过多年的奋斗，终于拥有了自己的公司、办公楼，并且受到了人们的尊敬。

这一天，威尔逊先生从他的办公楼走出来，刚走到街上，就听见身后传来"嗒嗒嗒"的声音，那是盲人用竹竿敲打地面发出的声响。威尔逊先生愣了一下，缓缓地转过身。

那盲人感觉到前面有人，连忙打起精神，上前说道："尊敬的先生，您一定发现我是一个可怜的盲人，能不能占用您一点点时间呢？"

威尔逊先生说："我要去会见一个重要的客户，你要什么就快说吧。"

盲人在一个包里摸索了半天，掏出一个打火机，放到威尔逊先生的手里，说："先生，这个打火机只卖二美元，这可是最好的打火机啊。"

威尔逊先生听了，叹口气，把手伸进西服口袋，掏出一张钞票递给盲人："我不抽烟，但我愿意帮助你。这个打火机，也许我可以送给开电梯的小伙子。"

盲人用手摸了一下那张钞票，竟然是100美元！他用颤抖的手反复抚摸这钱，嘴里连连感激着："您是我遇见过的最慷慨的先生！仁慈的富人啊，我为您祈祷！"

威尔逊先生笑了笑，正准备走，盲人拉住他，又喋喋不休地说："您不知道，我并不是一生下来就瞎的，都是23年前布尔顿的那次事故！太可怕了！"

威尔逊先生一震，问道："你是在那次化工厂爆炸中失明的吗？"

盲人仿佛遇见了知音，兴奋得连连点头，"是啊是啊，您也知道？这也难怪，那次光炸死的人就有93个，伤的人有好几百，可是头条新闻哪！"

盲人想用自己的遭遇打动对方，争取多得到一些钱，他可怜巴巴地说："我真可怜啊！到处流浪，孤苦伶仃，吃了上顿没下顿，死了都没人知道！"他越说越激动，"您不知道当时的情况，火一下子冒了出来！仿佛是从地狱中冒出来的！逃命的人群都挤在一起，我好不容易冲到门口，可一个大个子在我身后大喊：'让我先出去！我还年轻，我不想死！'他把我推倒了，踩着我的身体跑了出去！我失去了知觉，等我醒来，就成了瞎子，命运真不公平呀！"威尔逊先生冷冷道："事实恐怕不是这样吧？你说反了。"

盲人一惊，用空洞的眼睛呆呆地对着威尔逊先生。

威尔逊先生一字一顿地说："我当时也在布尔顿化工厂当工人。是你从我的身上踏过去的！你长得比我高大，你说的那句话，我永远都忘不了！"

盲人站了好长时间，突然一把抓住威尔逊先生，爆发出一阵大笑说："这就是命运啊！不公平的命运！你在里面，现在出人头地了，我跑了出去，却成了一个没有用的瞎子！"

威尔逊先生用力推开盲人的手，举起了手中一根精致的棕榈手杖，平静地说："你知道吗？我也是一个瞎子。你相信命运，可是我不信。"

　　同是盲人，有人只能以乞讨为生，有人却能出人头地，这决非命运的安排，而在于个人的奋斗与否。面对自己的残疾，屈服于命运，自卑于命运，并企图以此博取别人的同情，这样的人只能永远躺在自己的残疾上哀鸣，不会有站起来的一天。可残疾并不意味着失去一切，靠自己的奋斗一样可以消除自卑的阴影，赢得尊重。

　　学会自我补偿，自卑的阴影就不会再与你纠缠。每个人的天赋不同，处境不同，面临的机遇不同，成功的方式和方向也不会相同。用自己的本色和真实的感情来创造前程，这就是一个人在克服危机。所谓克服危机，无非扬长避短，尽力而为的结果。即使没有克服危机，没有建树，只要你充分发挥了能力，你就享受了克服危机的人生。不怀疑自己的能力，不迷信他人，这是生命得以辉煌的心理基础。

　　另外，在自我补偿的过程中，还须正确面对挫败。人的发展离不开挫败与成功。由于挫败对人是一种"负性刺激"，总会使人产生不愉快、沮丧、自卑。那么，一个人一旦面对挫败，该如何自我解脱（补偿）呢？拿破仑·希尔认为，关键是要用理性的态度：

　　1. 做到大志不改，不因挫败而放弃追求；

　　2. 注意调整、降低原先不合实际的"目标值"，及时改变策略（方式）再做尝试；

　　3. 用"局部成功"来激励自己；

　　4. 采用自我心理调适法，即采取一点"自我调侃""自嘲"之类的精神胜利法。

　　我们提醒每一位试图克服危机人生的人：要使自己不成为"经常的挫败者"，就要善于挖掘、利用自身的"资源"。虽然有时个体不能改变"环境"的"安排"，但谁也无法剥夺其作为"自我主人"的权利。应该说当今社会已大大增加了这方面的发展机遇，只要你敢于尝试，勇于拼搏，是一定会"东方不亮西方亮"的。许多鸿篇巨作由逆境而生，许多伟人由磨砺而出，就是因为他们无论什么时候都不气馁、不自卑的意志！有了这一点，就会挣脱困境的束缚，获得使用生命的主动权。

此外，作为一个现代人，也应时刻具有迎接失败的心理准备。世界充满了成功的机遇，也充满了失败的可能。所以要不断提高自我应付失败与干扰的能力，调整自己，克服危机，增强社会适应力，坚信成功在失败之中。若每次失败之后都能有所"领悟"，把每一次失败当作成功的前奏，那么就能化消极为积极，化不足为优势，变自卑为自信，失败就能领你进入一个新境界。

可以说，自卑有如"双刃之剑"。不同的心态，生出不同的结局。有人因自卑而沉沦，甚至毁灭；有人虽有自卑却能正视现实，并以此转化为生活所需的动力，在自卑的困扰中磨砺出完美的人格，成就自己辉煌的一生。

心态开放，能使弱者变强

很明显地，个人进取心是一种要求甚多的特质，它的实践需要许多心理资源作为后盾。当你的进取心处于低潮时，不妨求助于可在其他成功原则中注入新生命力，并且使它们再度发挥作用的一项原理：积极心态。

开放的心态，是一种主动进攻的强势心理，也是一种勇于进取开拓的奋斗哲学，一种积极沟通与合作的处世原则，更是一种心胸开拓的生活境界。心态开放，能使弱者变强，强者更强。

反之，封闭和保守的心态，则是一种弱势和防守的心理，一种围墙的文化，一种故步自封的被动挨打哲学，这足以使强者"木秀于林，风必摧之"，也使弱者更弱。

进取的力量能把一个弱者塑造为强者，因为进取能够逼迫一个人做自己极力想做的事，并且浑身充满干劲儿。相反，没有进取心，一个人就会坐以待毙，在自己狭小的圈子中生存，更无法改变自己缺乏进取心的危机，导致一场场失败。

在这个世界上，轻言放弃者比比皆是，他们不能像松下幸之助一样有一颗进取之心。

日本松下电器公司总裁松下幸之助，年轻时家庭生活贫困，必须靠他一人养家糊口。有一次，瘦弱矮小的松下到一家电器工厂去谋职。他走进这家工厂的人事部，向一位负责人说明了来意，请求给安排一个哪怕是最低下的工作。这位负责人看到松下衣着肮脏，又瘦又小，觉得很不理想。但又不能直说，于是就找了一个理由：我们现在暂时不缺人，你一个月后再来看看吧。这本来是个托词，但没想到一个月后松下真的来了，那位负责人又推托说此刻有事，过几天再说吧，隔了几天松下又来了。如此反复多次，这位负责人干脆说出了真正的理由："你这样脏兮兮的是进不了我们工厂的。"于是，松下幸之助回去借了一些钱，买了一件整齐的衣服穿上又返回来。这人一看实在没有办法，便告诉松下："关于电器方面的知识你知道得太少了，我们不能要你。"两个月后，松下幸之助再次来到这家企业，说："我已经学了不少有关电器方面的知识，您看我哪方面还有差距，我一项项来弥补。"

这位人事主管盯着他看了半天才说："我干这行几十年了，头一次遇到像你这样来找工作的。我真佩服你的耐心和韧性。"结果松下幸之助的毅力打动了主管，他终于进了那家工厂。后来松下又以其超人的努力逐渐锻炼成了一个非凡的人物。

在成功者的眼里，失败不只是暂时的挫折，失败还是一次机会，它说明你还存在某种不足和欠缺。找到它，补上这个缺口，你就增长了一些经验、能力和智慧，也就会离成功越来越近。世界上真正的失败只有一种，那就是轻易放弃，缺乏进取心。

个人进取心，是你实现克服生存危机不可少的要素，它会使你进步，使你受到注意而且会给你带来机会。

在那些克服危机者看来，个人进取心可以创造机会。

巴尔塔是一位木匠的学徒，当他被派去建造衣橱时，他的周薪只有400美元。当完工后，看到他的客户对能善于利用空间以及他的手工品质而感到高兴时，巴尔塔想到了一个主意，他用从他第一位客户那儿赚到的工资，开了一家加州衣橱公司。

巴尔塔就凭着当时深受欢迎的"将拥挤的衣橱，转变成能有效利用的空间"的需求，在12年内就扩大成为全美拥有100多家加盟店的大企业。也引起其他衣橱制造业者一窝蜂跟进，巴尔塔便在1989年，将他的公司以1200万美金的价格卖给了威廉斯·索诺马。

巴尔塔可以作为一个木匠而感到满足，但他却能认清自己的能力，并获得远超过其他学徒梦想的成功。

在那些克服危机者看来，个人进取心可以创造财富。

贝斯和盖斯勒，是 1960 年费城一家电视公司的制作人。他们发现录影带比影片具有更强的市场适应性，虽然他们并非一流的制作专家，但他们决定开创自己的事业。

于是他们便成立了一家录影公司，由于他们无法制作一流的节目，故他们决定提供一些其他有价值的服务：他们提供最好的设备和空间，给其他制作公司使用。虽然他们很早就进入了这一行，但是他们仍然面临竞争；为了占有市场，他们不惜冒风险和可能没有付款能力的人签约。

贝斯和盖斯勒也了解更进一步的道理，他们知道，他们的客户同样必须满足自己的客户，故除了提供设备空间之外，他们还提供客户一些最新技术，就像盖斯勒在接受《成功杂志》访问时所说的："我们告诉客户他们可能想都没有想到的技术，他们得到好评，而我们得到付款。"

贝斯和盖斯勒的公司目前除了制作一些表演节目之外，还为录影技术人员提供训练讲座，他们还为一些公司，像 IBM、花旗银行等，提供公司内部通讯服务，也就是提供将位于纽约、洛杉矶等不同城市的人员连线以便召开电视会议的服务。

贝斯和盖斯勒，并非最先洞察视讯系统在未来市场上会拥有一片天空的人，但由于他们有采取行动、制订计划、承担风险和提供他人没有提供的服务的进取心，故使得他们成为这一行的第一人，赢得了生存的优势。

在那些克服危机者来看，个人进取心还可以创造进步。你克服危机的明确目标可能是有一天自己当老板，但即使你志不在此，或是这一克服危机目标尚遥远，培养个人进取心还是会为你带来好处的。

艾美是一家子公司的行销策略人员，她看准了该公司视为失败的一项产品：白雪洗发精。它是一种价格低廉而且不含添加剂的洗发精，这种洗发精没有华丽的包装，但却能吸引讲究价格的消费者。于是她决定再次为"白雪"全力以赴并将它再呈给管理阶层，并告诉他们"白雪"的价值所在。最后管理阶层接受了她的提议，而"白雪"竟成为该公司销售最好的洗发精之一。

由于"白雪"的销售成功，艾美成为该公司一家分公司的负责人。于是，她研创了一系列新的护发产品，而这些产品最后也都成了市场宠儿。

如今艾美已成为布瑞尔通讯的执行副总裁，该集团所从事的正是市场行销服务。由于她不断地以她的个人进取心为公司引进更多更好的产品，故她得到今天的职位可说是实至名归。她的公司同样也了解她愿意提供超过她应该提供的服务，哈佛商业学校也颁给她"乌克斯和柯恩卓越零售奖学金"，而《美金和意识》杂志称许她为"前一百名商业职业妇女"之一。个人进取心使艾美获得认同、进步和选择工作的机会，赢得了生存的优势。

当你走出你明确克服危机的目标之时，就是你开始运用你个人进取心的时候了，开始执行你克服危机的计划，组织你的智囊团。尽管你会发现在执行克服危机的计划过程中，你克服危机的目标发生了一些变化，但最重要的是"马上展开"你克服危机的计划。

开始一项不甚完全的克服危机的计划，总比拖延行动要好得多，"拖延"是你发挥个人进取心的大敌。如果你一开始时，就让拖延变成一种习惯的话，那么它必将蔓延到日后你的每一项行动中。

如果你需要别人的建议时，就付钱请教一些专家的意见吧！你从同事或朋友那里得到的"免费建议"将和你所付出的代价一样：什么也没有。

别让外在力量影响你的行动，虽然你必须对他人的惊讶，和你面对的竞争做出反应，但你必须每天以你的既定计划为基础向前迈进。用你对成功的想象来滋养你的强烈的欲望，让你的欲望热情燃烧，最好能烧到你的屁股，随时提醒你不可在应该起来行动时，仍然坐等机会，坐以待毙。

每当你完成一件工作时就应做一番反省——这是你所能做到的最好的成绩吗？如何能做得更好？何不现在就使自己更进一步？是否能够发挥个人进取心，应视你对于每次机会的觉醒程度，以及你是否能在发现机会时立即行动而定。

"诚实"地带着勇气反省

察己可以知人，我们在对自己的身体和思维的监视中，才可以找到最清醒的，不带有任何哗众取宠的思想成果，从而一片片地，亲手将这座精神之山的碎片捡回来，拼成我们完整的自己。

环顾我们生活的周围世界，总会十分明显地感到一点，要想使每个人都对自己满意，这是十分困难而且不大可能的。实际上，如果有 50% 的人对你感到满意，这就算一件令人愉悦的事情了。

随着年龄的增长，我们也越来越多地得到他人的赞许，而且似乎更加喜欢得到他人的赞许。你可能经常为了获得他人的赞许而耗费大量的时光和精力，或者因为得不到他人的赞许而忧心忡忡、闷闷不乐，甚至嫉妒他人。如果你现在已陷入这样一种境地——你离不开他人的赞许，而且寻求赞许已成为你生活的一种需要，那么你现在应该采取一些措施了。

首先，你应该认识到，寻求赞许与其说是一种生活的需要，不如说是个人的一种欲望。美国著名心理学家马斯洛认为，我们每个人成长发展的内在力量是动机，动机是由多种不同性质的需求——生理需求、安全需求、爱与隶属需求、新生需求、自我实现需求所组成，各种需求之间，存在着一定的先后顺序与高低层次。根据这一理论，我们可以看出，人都希望得到他人的认可与尊重，期望获得某种荣誉。当我们听到四周响起的掌声、听到他人的赞美之辞时，恐怕没有人会表现出一种厌恶与不满的情绪。因为这种场合会令你精神上受到抚慰，会给你一种美妙的感觉，你当然没有必要放弃生活中的这种享受。赞许本身无损于你的精神健康，而且受到恭维是一种令人惬意的事情。有些人往往会因此忘乎所以而丧失原则，否则生活中就不会有那种溜须拍马之人的存在了。如果寻求赞许的心理成了你生活的一种需要，而不仅仅是一种愿望，那你就陷入了生活的另一种误区。

事实上，无论在生活还是在工作中，我们每个人都会遇到大量的反对意见，这是一种现实的存在，是你为"生活"必须付出的代价，也是一种无法避免的现象。

罗斯是一位需要他人赞许的典型，无论是对工作还是针对社会生活的各种重大问题，他都有自己独到的见解。而每当自己的观点受到他人的批驳与嘲讽时，他便感到十分沮丧。为了让自己的每一句话、每一个行动都能得到大家的赞同，他可谓耗尽了心思。有一次，他同父亲谈到安乐死的话题，明显表示自己赞同这一做法而当他察觉父亲疑惑不解、继而极为不满地皱起眉头时，就立即本能地改变了自己的观点："我刚才是说，一个神志清醒的人如果要求结束其生命，那倒可以采取这种做法。"罗斯一边说一边察觉着父亲的神色，当他注意到父亲似乎认同这一说法时，他才稍稍松了一口气。

后来，罗斯又在自己的上司面前谈到对安乐死持赞同的态度，这下他遭到了上司的强烈训斥："你怎么能这样认为呢？"罗斯实在承受不了这种责备，便马上改变自己的立场：我刚才的意思只不过是说，只有在极为特殊的情况下，如果经正式确认绝症患者在法律上已经死亡，那才可以截断他的输氧管。"最后，罗斯的上司终于点头同意了他的看法，他又一次摆脱了困境。

还有一次，罗斯又与自己的哥哥谈起自己赞同安乐死的看法，他的哥哥马上表示同意，这终于使他长长地出了一口气。这倒是轻而易举的胜利，罗斯不用做出其他任何解释就得到了哥哥的赞许。

类似上例的事情在我们的生活和工作中并不少见，有些人在社会交往中为了博得他人的欢心，将自己变成了一条"变色龙"，有时他们还不惜改变自己的立场和观点，甚至牺牲自己的人格，这实在是一种不可取的处世态度。同自我否定心理一样，寻求赞许心理会导致各种自我挫败行为。从而会使自己丧失生活热情。举一些最为常见的寻求赞许行为：

一个人不可能事事都得到每个人的赞许，但是如果你认识到自己的价值，在得不到赞许时便不会感到沮丧。你将把反对意见视为一种自然现实，因为生活在这个世界上的每一个人都对世事有自己的看法。

环顾我们生活的周围世界，我们会十分明显地感到一点，要想使每个人都对自己满意，这是十分困难而且不大可能的。实际上，如果有 50% 的人对你感到满意，这就算一件令人愉悦的事情了。要知道，在你周围，至少有一半人会对你说的一半以上的话提出不同意见。只要看看西方的政治竞选就够了：即使获胜者的选票占压倒多数，但也还有 40% 之多的人投了反对票。因此，对一般的常人来讲，不管你什么时候提出什么意见，有 50% 的人可能提出反对意见，这是一件十分正常的事情。

当你认识到这一点之后，你就可以从另一个角度来看待他人的反对意见了。当别人对你的话提出异议时，你也不会再因此而感到情绪消沉，或者为了赢得他人的赞许而即刻改变自己的观点。相反，你会意识到自己刚巧碰到了属于与你意见不一致的 50% 中的一个人。只要认识到你的每一种情感、每一个观点、每一句话或每一件事都总会遇到反对意见，那么你就可以摆脱情绪低落的困扰。当我们做事之前已经意想到某种后果，而一旦出现这种后果时，你就不会出现很大的情绪波动，或者措手不及。因此，如果你知道会有人反对你的意见，你就不会自寻烦恼，同时也就不会再将别人对你的某种观点或某种情感的否定视为对你整个人的否定。

注意自己，了解自己——没有什么比这件事看起来更简单，而做起来却更困难的事。

没有比自己更认识自己的人，同时没有人比自己更不认识自己。

苏格拉底曾说"认识你自己"。从此以后有志者均体验过认识自己是件如何困难之事。但也有人批判过这句话。法国作家西特说："这一句格言是有害的，同时也非常丑恶。注视了自己乃阻止了自己的发展。力求认识自己的毛虫，永久无法变成蝴蝶。"他的批评也有道理。有时自我意识的过剩会使人以异常的洁癖分析自己，无法算出的尽力去算出来，慢慢地引发了热情，然而到达的地方也就是虚无的深渊，但凝视自己不一定会产生自我意识的过剩。自己由性格、能力方面看来，有什么优点，有什么缺点。如果能"诚实"地带着勇气反省一下，事情便能解决了。

正确认识自己的价值

　　人生最重要的两件事：认识自己，约束自己。"认识"属于"知"，"约束"属于"行"，"知"与"行"配合，人生才可能走上康庄大道。《礼记》上说："欲不可纵，纵欲则伤身。乐不可极，乐极则生悲。"只有节制，才有真正的快乐可言。

　　消极的心理暗示使我们失去了理智，失去了对自己充分的自信，这些不利的心理暗示，就像是巨大的心灵黑洞。自信是医治颓废最好的良药，自信可以提升你对自己的认识，一定把自己当成宝石，不要在菜市场上轻易地把自己卖掉。

　　一位禅师为了启发他的门徒，给他的徒弟一块石头，叫他去蔬菜市场，并且试着卖掉它，这块石头很大，很好看。但师父说："不要卖掉它，只是试着卖掉它。注意观察，多问一些人，然后只要告诉我在蔬菜市场它能卖多少钱。"这个人去了。在菜市场，许多人看着石头想：它可以作很好的小摆设，我们的孩子可以玩，或者我们可以把这当作称菜用的秤砣。于是他们出了价，但只不过几个小硬币。那个人回来。他说："它最多只能卖到几个硬币。"

　　师父又说："现在你去黄金市场，问问那儿的人，但是不要卖掉它，光问问价。"从黄金市场回来，这个门徒很高兴，说："这些人太棒了，他们乐意出到 1000 块钱。"师父说："现在你去珠宝商那儿，但不要卖掉它。"他去了珠宝商那儿。他简直不敢相信，他们竟然乐意出 5 万块钱，他不愿意卖，他们继续抬高价格——他们出到 10 万。但是这个人说："我不打算卖掉它。"他们说："我们出 20 万、30 万，或者你要多少就多少，只要你卖！"这个人说："我不能卖，我只是问问价。"他不能相信："这些人疯了！"他自己觉得蔬菜市场的价已经足够了。

他回来了。师父拿回石头说："我们不打算卖了它，不过现在你明白了，如果你是生活在蔬菜市场，那么你只有那个市场的理解力，你就永远不会认识更高的价值。"

这故事告诉我们，应该正确认识自己的价值，对自己有一个充分的认识。如何能做到这一点呢？你对自己的价值了解吗？如何才能建立起充分的自信？据说，在日本的富士山上，有一所专门培养企业领导人的学校。这所学校有一项很特别的课程，就是每天出操、上课时，学生都要大声地连续呼喊："我能行！我能行！"

呼喊声响彻操场，响彻教室。呼喊声在富士山上回响，也在学生们的心里久久地震荡。这所学校的创办人认为：一个成功的人，一定要有"我能行"这样一种强烈的成功意识和自信。

心理学研究表明，每个人的意识中都有一个理想的积极的自我形象，但这个理想的自我形象，并不是总能指导和主宰自己的行为。因为，它会常常受到另一个消极的瞬息万变的自我形象的干扰。前者不怕困难，勇往直前；后者遇事萎缩，知难而退。前者对你说："我能行！"后者则会大唱反调："我不行。"

成功的道路总是充满艰辛，而成功者在走向成功的道路上，他们的内心也往往充满着矛盾和斗争。高呼"我能行"，其实就是要强化心中那个积极的、理想的自我形象，战胜和排除消极的自我形象的干扰，用自信来融化存在于心中某一角落的自卑。

著名的意大利男高音歌唱家卡鲁索有一次在歌剧院的厢房等着上场演唱时，突然旁若无人地大声叫嚷起来："别挡住我的路！走开！走开！"身边的后台工作人员听了，都手足无措。不知发生了什么事情，因为当时并没有任何人挡住他的路。

这位大歌唱家后来解释说："我觉得我内心里有个大我，他要我唱，而且知道我能唱好。但另外还有一个小我，他觉得胆怯，而且说我不能唱好。我只得命令那个小我离开我。"

他所说的"大我"和"小我"，其实就是心灵深处两个互相对立的自我形象。他们就像是一个人和他的影子。

把自己的成功信念大声呼喊出来，固然是一个好办法，但有时候，即使不大声喊出来，只要给予自己一个积极的心理暗示，也能达到相应的效果。

心理学者曾在一所著名的大学挑选了一些运动员做实验。他们要这些运动员做一些别人无法做到的运动，还告诉他们，由于他们是国内最好的运动员，因此他们能够做到。

这些运动员分为两组，第一组到达体育馆后，虽然尽力去做，但还是做不到。第二组到达体育馆后，研究人员告诉他们，第一组已经失败了，并对他们说："你们这一组与前一组不同，我们研制了一种新药，会使你们达到超人的水准。"

结果，第二组运动员吃了药丸后，果然完成了那些困难练习。事后，研究人员才告诉他们，刚才吃的药丸，其实是没有任何药物成分的粉末做的。如果你相信自己能做到，你就一定能做到。第二组运动员之所以能完成这些困难的练习，是因为他们相信自己一定能够做到。这就是积极的心理暗示所产生的效果。

我们每个人都不可避免地会有长处和短处，可是生活中的大多数人往往只记得自己不能做什么，记得自己的短处，却不记得自己的长处。更多的时候，他们根本不相信自己可以控制自己，而习惯于把责任推诿给一些不可控制的外在因素。

保持良好的健康状况

人生烦事颇多，有时寂寞也难耐，我们当学会去静享一种"闲"的滋味，而闲适地生活。闲适者就是善于调整自己的心态，寻找生活支点，尝试着去做想做的事，尝试去做能愉悦身心的事情。更可做些力所能及对社会，对他人，对家庭，对自己都有益的事。这种融入自然、融入社会的休闲方式，会让人产生有用有为的满足感，找到生活的兴奋点，让身心都健康。

健康是别人夺不走的资本，拥有这笔资本，你就能取得更多的财富，使你终生受用不尽。健康对你的生活和工作都起着重要的作用。

"我每天过得越来越好。"有些人每天在醒来和就寝前都要把这句话朗诵好几次。对他们来说，这句话并不是华而不实的语言表达，而是说明健康来自积极的心态。对于健康，很多人的体验是，积极的心态会给人体健康带来好处，消极的心态则可能引发疾病。一个人心存消极思想，这是一件危险的事。现实生活中，到处都有人因为他们内心的挫折、仇恨、恐惧或罪恶感，而给自己的健康造成伤害。因此，要保持身体健康的秘诀是，首先要摆脱所有不健康的思想。我们必须洁净自己的心灵，为了身体的健康，先除去心中的消极念头。

常有人提起，愤恨不满的情绪常常会引发疾病，如果一个人在他的工作岗位上屡屡失意，他的心理就会向身体发出"生病"的心理暗示，借此来逃避现实。

一位政坛元老曾说过："有两件事对心脏不好：一是跑步上楼，二是诽谤别人。"这两件事不仅对心脏不好，而且对人的身体也有很大的影响。所以，学会宽恕很重要，你会发现，体谅别人会起到奇妙的治疗效果。

许多家报纸曾报道过这样一则新闻：有一名男子在过马路时不幸被车子撞倒而丧命。验尸报告说，这个人有肺病、溃疡、肾病和心脏衰弱。可是，他竟然活到了 84 岁。给他验尸的医生说："这个人全身是病，一般情况，30 年以前早该去世了。"有人问他的遗孀，他怎么能活这么久？她说："我的丈夫一直确信，明天他一定会过得比今天更好。"

还有人认为，在运用积极心态方面，多使用积极的表述，也有利于身体健康。语言文字是有影响力的。如果你经常运用积极的话语来描述你的健康状况，便可能激发对你身体不好的消极力量。你习惯性地使用的一些字眼，能反映出你内在的某些消极思想。而你的思想是积极还是消极，会影响你内在的各种器官的健康情况。

曾任美国精神治疗协会会长的卡特博士在谈到一个人所持的肯定态度对健康的影响时，甚至反对人们使用像"我今天不会生病"这样的说法。他认为那只是半积极的态度，应该改为"我今天觉得比昨天好"，这才是非常积极的陈述，因而是一种引导健康的想法。卡特博士说："肯定的态度是以科学的事实为基础的，这些事实得自生物学、化学、医学等。正确地运用肯定的态度将有助于改善你的健康，延长你的寿命，使你精力充沛，倍感幸福，从而在各方面取得成功，并且还能替你保持一件最主要的东西——那就是心里的平静。"

你的身体和思想是合一的，实际上是一个"身心"，你的"身心"和自然是合一的。你的身体和思想的健康是不可分的，任何影响到你健全思想的因素，同样会影响你的身体；反之亦然。

同时，你的身心健康也会受到自然法则的规范，它对于你身心的规范和对于树木、山脉、鸟和动物的规范并没有什么不同。因此，想要了解保持身心健康的方法必须先了解自然界的法则，你必须和自然力和谐相处而不是要和它对抗。人的心智是伴随着身体才能存在的，由于你的身体受到大脑的控制，所以，想要得到健康的身体就必须具备积极的心态、健全的意识。务必在工作、娱乐、休息、饮食和研究方面，都能培养出良好而且平衡的健康习惯。

为了保持健康的意识，应从良好的生理健康，而不应从病态或不健全的角度进行思考。无论你的思想集中在哪个方面，它都能使这方面的事情成真——包括经济上的成就和身体的健康。为了使自己能以积极的态度培养及保持健全的意识，使你的内心远离消极思想和消极影响因素，必须创造和保持平衡的生活。

闲适者就是善于调整自己的心态，寻找生活支点，尝试去做能愉悦身心的事。尝试着去做想做的事，更可做些力所能及对社会，对他人，对家庭，对自己都有益的事。这种融入自然、融入社会的休闲方式，会让人产生有用有为的满足感，找到生活的兴奋点，让身心都健康。

学会悠然静享"闲"滋味，乃人生的一种大境界啊，是提高生活质量的一件大事，也是一门学问。

做你最擅长的事

"喜欢"和"热情"远比"认真""努力"更重要。那些做起来特别容易做好、容易有成就感，并且让我们迷恋的能力和特质就是每一个人的天赋。年轻的时候，再也没有比这个更重要的使命了：我们每个人都必须给自己的天赋一个机会，然后想办法发展那个能力。让它成为我们生命发展的方向。

每一个人都有自己擅长的事情，成功其实就是做你最擅长的事，可以不费吹灰之力，就做得干净利落，这也是你与众不同的优势，一定不要放弃，做自己最喜欢的，做自己最擅长的，在快乐的自我实现当中找到成功的梯子。

多年来，研究了许多成功人士，看他们到底有哪些才干和专长，个性上有哪些特长，足以令他们脱颖而出。等你细看他们所具备的这些"特质"时，你会发现，原来你自己的身上也具备了许多成功者的素质！只不过这些素质还在熟睡，没有被充分地开发出来，埋没的优秀素质就像是混在沙里的金子。

不过，这其中有某些专长比其他特质都来得重要，所以也是成功与否的关键所在。其实，我们今天之所以会变成现在这个样子，孩提时代所受的影响十分重要。在我们生命中经常伴随的恐怖、压抑及紧张，大半都是在幼年时期便已深植在内心里的。

例如，母亲在来访的客人面前，总是希望炫耀自己的儿女一番。于是对自己的孩子以半命令式的口吻说："来，唱个歌给叔叔听听！"个性害羞的孩子瞬间就变得踌躇犹豫，而母亲对于害羞的孩子却丝毫没有察觉，反而责备说："唉！你怎么变得这么胆小了呢？"

接着，又转过头很抱歉地对客人解释："唉！这孩子就是这样，平常一个人的时候，话可是多，在陌生人面前就变成哑巴了！"

母亲当着孩子的面这样说话，自然会在幼小心灵种下"自己是胆小鬼"的想法。这种想法始终伴随着他一起长大，尽管有时他想在旁人面前表现大方自在一点，但由于胆小意识的作祟，使得他永远表现不出孩子特有的天真活泼气质。

知道精神意识作用的人，大概都了解：一个人若老是将自己"胆小鬼"的毛病挂在嘴边或放在心上，情况将变得愈加严重，甚至可能造成一生畏惧"胆小"而放弃许多享受欢乐的机会。许多人一辈子都会感到缺乏安全感，这种毛病往往并不是长大之后才有的，而应归咎于根本不懂得幼儿心理的父母。一生都是躲在人群背后生活的人，绝大部分在幼儿时期，那种躲在人后的意识便已深植心底了。

如果你在童年时代不幸有过这样的经历：被父母责打、训斥，被小伙伴们欺负，如果一个人待在黑屋子里，就会害怕地大哭起来，孩提时期深藏在心中的恐惧感，会造成成年后畏缩的个性。当然会产生出对自己的一切缺乏自信心的表现。

你如果有过这样的经历，可以试着一点一滴地改变自己，善于发现自己的优点，比发现别人的优点更难。你不喜欢别人把你看得很差劲是吗？你特别不喜欢一些假的或半真半假的评论是吗？但是，一句自我批评的话，其毁灭的力量十倍于一句别人批评的话。经常说自己不好的人，最后会相信别人对自己的评价。一旦他们相信自己的话后，就会表现出自暴自弃。

如果人们给自己一些肯定的想法和评估，他们会相信这些想法。给自己一些恭维，是增长自尊的方法，但不要养成妄自菲薄的习惯。要习惯于说自己的好话，你会发现你比较喜欢你自己。如果你总认为自己弱小、无能、会失败、低人一等，那么你就注定要成为一个平庸的人。

一位博学的大学教授，曾设计了一整套的人生观问题，他要求他的学生们首先回答："'我是谁？'也就是说，你有哪些兴趣？有什么专长？什么事能使你感到最快乐？"当回答了"我是谁"这个问题后，你将知道你拥有哪些才华与专长。当你回答这一问题之后，你可能会发现自己原来根本没有意识到的自我认识。有些人发现自己是孤独者，而且只喜欢跟少数人在一起；有些人会觉得自己非常外向，而且非常喜欢和其他人在一起；有些人了解了自己喜欢做体力工作，而有的则喜欢做脑力工作。我们每个人都是与众不同的，了解你自己是怎样一个人，对于回答下面的问题很重要。

第二个需要回答的问题是："我该走哪条路？"绝大多数的人，对于他们为什么要活着，或他们干哪一行才能出人头地，顶多只有个模糊的概念罢了。如果你想清清楚楚地看看这个说法有多少真实性，那么你可以做个实验，这实验非常有趣。以下是实验的情形：你带一个公文夹，到人流较多的街上随便找五个人来采访。一开始你可以这么说："您好，我可以问您几个问题吗？"他们可能会这样回答："当然可以。"你可以先问他们这个问题："今天早晨，您为什么要起床？"

大部分接受你采访的人一定会狐疑地看你一眼，认为你未免太离谱了。这时你需把你问的问题再重复一遍："今天早晨，您为什么要起床？"

也许他们会这样回答你："我必须去上班工作呀。"

然后你再问："你为什么必须上班工作？"

他们也许会这样回答你："我总要吃饭吧！"

"你为什么要吃东西？"然后你再接下去问。对于这个问题，有人可能会给你一个白眼。会觉得你神经真的有毛病。然后会回答你："这样我才能活下去。"

然后你仍要穷追不舍地问："你为什么要活呢？"

有人可能会想一两分钟之后回答你说："这样我明天早晨就能起床去工作！"

大多数人起床是为了可以工作，可以赚钱谋生，于是他们赚钱、谋生、工作……这样说不是否定了人的价值了吗？现在有许多目标朝向成功的人早上起床是为了做些可以使他们奋发向上的事情，而不是使他们堕落或干些旁门左道的事。他们起床是为了享受生活，和那些有趣的人见面，赚更多的钱，能有更多的时间和他们所爱的人在一起，为他们所爱的人多做些事，以及帮助他人达到目标。

弄清楚自己起床的意义是非常重要的，起床 16 个小时，是为了能够有 8 小时的睡眠时间，这种生活并不是好生活，然而这却是千万人活着的理由。

第三个问题是："如何实践我所选择道路呢？"

假设你已经决定走哪一条路，接下来的问题是"你如何去实践"？我们每个人都是不同的个体，也都有不同的目标。首先你要尽可能去接受最好的训练和经验，以期使自己具有相当的资格做自己想做的事。例如，你想作个很棒的推销员，就必须找份可供你接受一流指导及经验的工作。如果你想当个电脑专家、房地产估价者、心理学家，就加入能让你学到你所需的专业知识的行业。其次，不但要肯牺牲，而且要多做点牺牲。所有成功者都有个共同点，就是愿意做出牺牲以达到目标。可以使我们以最快的速度步入我们想要进入的轨道。

如果我们换一种思维方式，你会立即觉得自己很重要、能力很强、属于第一流、工作必定成绩显著，如果你这样想，你将会获得成功。如果你进了二流的公司，你只能学到二流的方法。

要达到自己目标的关键，是积极地思索，别人对你能力判断的唯一标准也只是你的行动，而你的行动是受你的思想控制的。因此，你便是你想象中的"自我"。

那些做起来特别容易做好、容易有成就感，并且让我们迷恋的能力和特质就是每一个人的天赋。年轻的时候，再也没有比这个更重要的使命了：我们每个人都必须给自己的天赋一个机会，然后想办法发展那个能力。让它成为我们生命的发展方向。

第9章

用创新实现梦想

提高自己的创新能力

有很多时候仅仅只是一个看似不起眼的想法、思路，却往往能实现新的突破与成功。

很多人之所以生活平庸，一个重要的原因也是因为其思维方式陈旧，缺乏创造性。比如，有的人一遇到问题，就去翻书本，书上没有说，前人没有做，就不敢想，不敢做。有的人受传统观念的影响，思维陷入定势，常常是固守常规，遇事总是习惯用固定的思维方式去分析事物和寻求解决问题的方法和途径。还有的人过于盲从，不善于独立思考，人云亦云，抱残守缺。

所以，我们要提高自己的创新能力。在思维实践中不迷信别人和权威，不盲从已有的经验，不依赖已有的成果，独立地发现问题，独立地思考问题，在独辟蹊径中找到解决问题的有效方法。

请先看两个例子：

某个公司的一名下属职员，突然鼓起勇气莽撞地走进老板的办公室，说："对不起，我想加薪。我的确觉得自己应该加薪。"

老板会直接回答"不，你不能加薪"吗？肯定不会。他会说："你确实需要加薪。可是……"（"可是"与"走吧"同义）他把文件推到桌边，指着一张压在办公桌玻璃板下的打印卡片，平心静气地说："令人遗憾的是，你已经处在你那个工资档次的顶端了。"

这位下属咕哝着说："哦……我忘了我的工资级别！"退了出去。让他放弃要求的法宝，也许正是那张印制的卡片。实际上这位下属是在自言自语地说：

"我怎么能够和压在玻璃板下的印制卡片争辩呢？"这也许正是老板想要的员工说的话。

这个例子中，公司下属职员为什么中途放弃争取利益的机会呢？就是因为被"印制卡片"给唬住了。要知道，这卡片也是人制定的，名义上属于所有相关之人，如果没有人提出异议，那么，它们就成了至高无上的"权威"。但是，如果有人唬不住，敢于打破先例呢？那情况就不一样了，你将争取到属于你的合理利益。

但人们很容易把自己限制起来或者被别人限制住。因为先例成为权威的一个方面，就是基于"不要标新立异"，"你不能和取得成就的人争论"以及"我们总是这么做的"等看法的。这种观点迫使人们按现行的方式或以前采用过的方式做事。现有的和过去的风俗、政策、惯例神圣不可侵犯。它们代表了唯一的行事方法。

任何一位新总统、一家公司的新总裁、一个老牌机构的新领导人，他面临的最棘手的任务之一，就是改变根深蒂固的陈规陋习。1968 年大选之后，理查德·尼克松宣称："到了解除大政府、制止大政府掏你们的钱袋的时候了！"几周以后，他却提出了这个国家有史以来最庞大的财政预算。

先例一旦被打破，就可以以此谋求类似的变化和利益。

当美国汽车工人联合会达到按其合同增加 7% 的报酬的目标时，加拿大汽车工人以美国的例子为理由，立即展开谈判，并达到了同样的报酬增长目标。这种做法的逻辑很简单："我们有榜样，他们得到的，我们也应该得到。"

田纳西州孟菲斯市市长曾公开宣布，所有举行罢工的警察和消防队员将被解雇。他们举行了罢工，并因此失业。几天以后，问题得到解决，市长恢复了他们的工作。此后，芝加哥的消防队员罢工。他们期望，即使暂时被停职，当问题得到解决以后，他们也可能被复职。事实证明，他们的想法是对的。

要避免被先例的权威"蒙蔽"，就要有效地使用这种权力。要证明你的所作所为实属正当，就需要说明你现在的情况与另外的情况相似：在那种情况下，你或者他人曾做过什么事，而且达到了期望的结果。

学会去应用你的创造力

我们生活的目的在于发现美、创造美、享受美，而不该盯着完不成的极限、遥不可及的梦想折磨自己，最后，抓狂在自己的苛求中。不能成为第一，就坦然充当第二；不能拥有伟大，就甘愿静守平庸，用轻松的人生规则主宰自己的快乐又有何不可呢？不管我们承认不承认，苛求的人生总是相对沉重的！俗话说："水至清而无鱼，人至察则无徒。"现实生活中，对人、对事、对自己都不宜过于苛求，否则会使自己生活在孤寂和焦灼之中。不苛求自己就是我们能正确地认识自己、面对现实。梦若成真固然不错，梦没成真也没关系。抱着一种顺其自然的心态去追求，去努力，也就足够了。

成大事者做事的办法是：抛弃盲目，学会创造！

奥斯本著的《你的创造力》和《应用想象力》鼓舞了成千上万的人去进行创造性的思考。同样重要的是，这些人已被激励去从事积极的、建设性的行动，思考必须彻底地伴随着行动。

奥斯本像许多创造性的思想家一样，把一个本子和一支铅笔作为心爱的劳动工具。他每想到一个观念就把它记下来。他像其他有成就的伟人一样，能花费时间从事思考、计划和研究。

奥斯本道出一个明显的真理，他说："每个人都有一些创造力，但是大多数人没有学会去应用它。"

由创造者的经验得到证明，创造性的想法并不是有意识的思考，而是当意识不再想难题且在想其他事情的时候，像晴天霹雳般自动产生。不过，开

227

始时如果没有用意识思考难题，创造性的思想也不会自动降临。这些事实证明了一个结论：为了要接受"灵感"或"预感"，一个人必须对这个特殊的问题给予关注，或对寻求这特殊问题的解答，有极端的兴趣。他必须在意识上加以思考，在这个问题上尽力收集所有的资料，并考虑所有可能的行动。最重要的，他必须有解决问题的炽热欲望。但是，他在定义问题，想象需要的结果，并尽力收集资料与事实时，焦急、暴躁、忧虑都是无济于事的，只会阻碍到问题的解决。

大家都知道，爱迪生对问题找不出答案时，他总是躺下来小憩片刻。达尔文告诉我们，当他写《物种起源》时，用意识思考几个月也想不出一个问题，其后，有一个直觉突然闪进脑际。他说："我还记得，当我坐着马车在路上走时，突然有一个令人兴奋的问题的解答自动跑来找我。"罗素说："我发现，如果我要写比较难深的题目，最好的方法是努力地加以构思，尽我所能地用几个小时或几天来构思，最后再命令自己不去想它，任它在暗地里自行滋长，几个月后，当我再想到这个题目时，却发现文章的内容已经全部完成了。以前我没发现这个办法，老是因为没有进展有时连续忧愁几个月。忧愁并不能解决问题，那几个月的忧愁等于白费。现在我可以将这几个月用在其他的消遣上了。"

日常生活中，我们往往会犯一个通病，认为只有作家。发明家与"创造者"才有创造的过程。事实上，不管是在厨房里工作的家庭主妇、学校里的教师或学生、售货员或事业家，都可以是创造者。我们每个人都有相同的"成功机器"，用以解决私人问题、经营事业、销售货物，就像作家的写作或发明家的发明一样。罗素建议读者采用他的方法来解决世间的私人问题。我们所称的"天才"只不过是一种过程，一种运用人类心智解决问题的方法，但是我们一直错误地认为：天才是一种在著书或作画中才有的过程。

与你的成功机器在制造"创造行为"或生产"创造意见"时，其动作情形并没有两样。任何一种技巧，无论是运动、弹琴、谈话或售货，都不需要很费力地去思索每一个要做的动作，只需要轻松地让事情做下去。创造性地做事，是自发的，"自然的"，没有自觉意识与研究的性质。

不少人将人生目标树立得很高，希望功成名就，成为塔尖上的那个人。可是，塔尖的容量是有限的，功成名就的名额总是屈指可数，于是，不免有人伤心，有人失落。

不能成为第一，就坦然充当第二；不能拥有伟大，就甘愿静守平庸，用轻松的人生规则主宰自己的快乐又有何不可呢？

我们生活的目的在于发现美、创造美、享受美，而不该盯着完不成的极限、遥不可及的梦想折磨自己，最后，抓狂在自己的苛求中。

你有没有使自己惊奇过

所谓有价值的生命，一定是怀着一个可以主宰、统治、调遣其他一切念头的中心意志的生命。没有这种意志，人的"能力之水"就不会达到沸腾的顶点，生命的火车也是不能向前飞跃的。

凡是有着强有力的中心意志的人，一定是个积极的、有建树与创造本领的人。每个人都会向往一件事，希冀一件事，但真能做事、成事的，却只有那些怀着中心意志或意志坚强的人。

每一个人的内部都有相当大的潜能。爱迪生曾经说："如果我们做出所有我们能做的事情，我们毫无疑问地会使我们自己大吃一惊。"从这句话中，我们可以提出一个相当科学的问题："你一生有没有使自己惊奇？"

一位已被医生确定为残疾的美国人，名叫梅尔龙，靠轮椅代步已12年。他的身体原本很健康，19岁那年，他赴越南打仗，被流弹打伤了背部的下半截，被送回美国医治，经过治疗，他虽然逐渐康复，却没法行走了。

他整天坐轮椅，觉得此生已经完结，有时就借酒消愁。有一天，他从酒馆出来，照常坐轮椅回家，却碰上三个劫匪，动手抢他的钱包。他拼命呐喊拼命抵抗，却触怒了劫匪，他们竟然放火烧他的轮椅。轮椅突然着火，梅尔龙忘记了自己是残疾，他拼命逃走，竟然一口气跑完了一条街。事后，梅尔龙说："如果当时我不逃走，就必然被烧伤，甚至被烧死。我忘了一切，一跃而起，拼命逃跑，及至停下脚步，才发觉自己能够走动。"

现在，梅尔龙已在奥马哈城找到一份职业，他已身体健康，与常人一样走动。

有两位年届 70 岁的老太太，一位认为到了这个年纪可算是人生的尽头，于是便开始料理后事；另一位却认为一个人能做什么事不在于年龄的大小，而在于怎么个想法。于是，她在 70 岁高龄之际开始学习登山。随后的 25 年里一直冒险攀登高山，其中几座还是世界上有名的。就在后来她还以 95 岁高龄登上了日本的富士山，打破了攀登此山的最高年龄纪录。她就是著名的胡达·克鲁斯老太太。

潜能是人类最大而又开发得最少的宝藏，无数事实和许多专家的研究成果告诉我们：每个人身上都有巨大的潜能还没有开发出来。

爱迪生小时候曾被学校教师认为愚笨而失去了在正规学校受教育的机会。可是，他在母亲的帮助下，经过独特的心脑潜能的开发，成为世界上最著名的发明大王，一生完成 2000 多种发明创造。他在留声机、电灯、电话、有声电影等许多项目上进行了开创性的发明，从根本上改善了人类生活的质量。这是人的潜能得到较好开发的一个典型。

任何成功者都不是天生的，成功的根本原因是开发了人的无穷无尽的潜能。只要你抱着积极心态去开发你的潜能，你就会有用不完的能量，你的能力就会越用越强。相反，如果你抱着消极心态，不去开发自己的潜能，那你只有叹息命运不公，并且越消极越无能！

人体内确实具有比表现出来的更多的才气，更多的能力，更有效的机能。

在二战期间，一艘美国驱逐舰停舶在某国的港湾，那天晚上万里无云，明月高照，一片宁静。一名士兵照例巡视全舰，突然停步站立不动，他看到一个乌黑的大东西在不远的水上浮动着。他惊骇地看出那是一枚触发水雷，可能是从一处雷区脱离出来的，正随着退潮慢慢向着舰身中央漂来。

他抓起舰内通讯电话机，通知了值日官。而值日官马上快步跑来。他们也很快地通知了舰长，并且发出全舰戒备讯号，全舰立时动员了起来。

官兵都愕然地注视着那枚慢慢漂近的水雷，大家都了解眼前的状况，灾难即将来临。

军官立刻提出各种办法。他们该起锚走吗？不行，没有足够的时间；发动引擎使水雷漂离开？不行，因为螺旋桨转动只会使水雷更快地漂向舰身；以枪炮引发水雷？也不行。因为那枚水雷太接近舰里的弹药库。那么该怎么办呢？放下一支小艇，用一支长杆把水雷携走？这也不行。因为那是一枚触发水雷，同时也没有时间去拆下水雷的雷管。悲剧似乎是没有办法避免了。

突然，一名水兵想出了比所有军官所能想的更好的办法。"把消防水管拿来。"他大喊着。大家立刻明白这个办法有道理。他们向舰和水雷之间的海面喷水，制造一条水流，把水雷带向远方，然后再用舰炮引炸了水雷。

这位水兵真是了不起。他当然不凡——但是他却只是个凡人，不过他却具有在危机状况下冷静而正确思考的能力。我们每一个人的身体内部都有这种天赋的能力，也就是说，我们每一个人都有创造的潜能。

世上每个人都是不同的个体，而在每个人的身上也都蕴藏着一份特殊的才能，那份才能有如一位熟睡的巨人，等着我们去唤醒它，而这个巨人即潜能。上天绝不会亏待任何一个人，上天会给我们每个人无穷无尽的机会去充分发挥所长。只要我们能将潜能发挥得当，我们也能成为爱因斯坦，也能成为爱迪生。

无论别人对我们如何评价，无论我们年纪有多大，无论我们面前有多大阻力，只要我们相信自己，相信自己的潜能，我们就能有所成就。事实上，世界本来属于我们，我们只要抹去身上的灰尘，无限的潜能就会像原子反应堆里的原子那样充分发挥出来，我们就一定会有所作为，创造奇迹。

要想看得远，先得上高峰

人总在向着更高更高的山峰攀登，世间本没有山顶，世人都应该有确凿的目标，为自己的目标而努力。通往高处的道路虽然不好走，却是在磨炼人的意志，开发潜在的悟性。达到目标后就会发现一些以前从未见过的新景致，越高的高度，视野越广阔。那时，你才会发现以前的自己是何等的浅陋与无知。

当个人能力提高到一定层次之后，视野往往也会随之开阔，如果你对现在的视线范围不满意，不妨提高一下自己的能力。

有这么一个近似于文字游戏的论述。吃葡萄时悲观者从大粒的开始吃，心里充满了失望（因为他所吃的每一粒都比上一粒小），而乐观者则从小粒的开始吃，心里充满了快乐，因为他所吃的每一粒都比上一粒大。悲观者决定学着乐观者的吃法吃葡萄，但还是快乐不起来，因为在他看来他吃到的都是最小的一粒。乐观者也想换种吃法，他从大粒的开始吃，依旧感觉良好，在他看来他吃到的都是最大的。

悲观者的眼光与乐观者的眼光截然不同，悲观者看到的都令他失望，而乐观者看到的都令他快乐。如果你是那个悲观者的话不妨不用换吃法，而换种眼光吧。

站得高看得远是个永恒不变的真理，但你要先登上高峰才有这样的机会。

想要站得高，就要超越自己的眼光；超越自己的眼光，必须先得超越自己。不妨想象一下自己还没有达到的目标已经达到，那时你会拥有怎样的眼光。

有这样一个笑话，一位已经年近古稀的农夫说："我的力气和壮年时一样大！"别人都惊疑地看着他，他进一步解释道："想想那块大石头我壮年时抬不动，现在还是抬不动。"不要以为你的眼光没有达到某个目标就以为它一直没有改变，其实你的眼光一直在变，只是你没有察觉到而已。

也许是你给自己眼光定下的参照物也在变化，所以你才忽略了变化，不要因此而产生悲观的情绪，这反而会损害"视力"。

一位病人找到眼科大夫："医生，我不能念报纸。"医生给他检查以后安慰他："没关系，你的眼睛近视，配一副眼镜就可以解决问题了。"病人惊喜地问："真的吗？我配眼镜以后就可以看报纸了？"医生笑着肯定。病人戴上配的眼镜拿起一张报纸来。"医生，我还是不能念。"医生奇怪地又仔细检查了病人的眼睛，"不可能呀？你真的只是近视而已。"病人回答："可是我不识字。"

所以有时是你自己没有区分"看不懂"与"看不见"之间的差别。

你的目光放在那里，你的注意力也会集中在那里，所以要慎重地选择你注视的方向。

你的时间、精力都是有限的资源，不能够供你任意挥霍，所以你最好只关注那些于你有重大意义的人或事，为一些并不重要的东西分散精力和眼力是件得不偿失的事。当然在学会关注之前你要先学会如何区分重要与不重要。

事业并不一定只是拥有雄厚实力，手下员工成百上千，呼风唤雨。对一位主妇来说，经营家庭何尝不是一种事业；对一位教师来说，桃李满天下的满园缤纷何尝不是一种事业。所以对事业的眼光，尽可能放得很轻松。没有人能逼你什么，逼你的只是你对事业的偏见。

眼中的感情不光仅仅有令人目眩神迷的爱情，还有血浓于水的亲情，四海之内皆兄弟的友情。缺乏任何一种感情，人生都是一种缺憾。

爱情是一种倾尽全力的付出、随遇而安的豁达和心甘情愿的勇气，没有付出的爱是虚伪的，没有得到的爱是苍白的，没有勇气的爱是可怜的。而亲情最重要的是避免伤害，因为人往往容易伤害亲人，在潜意识中亲人是最宽容的港湾，既然如此，何苦让港口支离破碎呢？友情是最奇妙的感情，有缘则聚，无缘则散的潇洒是友情的真谛。

不要太关注于金钱的价值，套一句俗话，钱不是拿来爱的，是拿来花的。把眼光过多投注于金钱上，眼界也会变得斤斤计较起来。

命运对每个人来说，都是一个需要用一生时间去解答的问题，既然如此，我们就不必时时把命运前程放在心上揣摸，反正一切都会有个结果，不如看看周围自然而新鲜的世界。

没人能限制你的眼光

只有看得远，才会不计较一时一事的得失，才会不在乎小恩小惠的诱惑。在奔赴远方那个理想的道路上，不被困难所打倒。眼光远大，行路才能正直，处事才会大气成熟，人生才不会偏离正确的方向。

常常会听到这样的说法："他是一个眼光独到的人。"一般而言，"眼光独到"的人都是成功的人。但是没有必要全身心对他充满敬意，因为你自己也拥有独到的眼光。

既然世界上没有生活经历一模一样的人，必然也就注定了看问题的眼光绝对不会一样。就像一个笑话所说的那样：一个穷人和一个富人在清晨遇到了，富人对穷人说："我出来散散步，看看能不能找到进餐的胃口，你呢？"穷人哀叹一声回答："我是出来散散步，看看能不能找到可以填胃口的食物。"

笑话中的两个人固然都是散步，但他们的目的不同，所以富人把注意力放在令他开怀的事物上，而穷人则把目光放在可以填饱胃口的事物上。不同的经济状况，生活经历使人与人之间的眼光分离。

1. 确定独到的角度

可能没有什么可以证明谁的眼光最独到，但是富爸爸相信世界上孩子们是"眼光独到"的专家。

许多成年人看问题之所以会达成共识，是因为他们的眼光差异已经由于相近的教育方式、生活经历而变得模糊了。但是孩子们的眼光则对任何事都充满了好奇，他们的目光毫无目的，肆无忌惮地审视着世界的方方面面，这也是为什么孩子们会说出令成年人也感动不已的话的原因。

孩子们不会因为地位、肤色、经济状况等方面的差异而令勇敢的目光畏缩，但成年人往往办不到这一点。

什么是眼光呢？也许许多人都可能体会到眼光，却不能给它下个定义，那么先把对眼光的直觉反应写在纸上。那可能是角度、高低、范围等等。

眼光其实很容易理解，眼光是人们对事物的理解面积，是一种受限制的思维习惯。一块石头在农夫的眼里是必须扔到田外的废物，在化学家眼里是它所代表的化学成分，在地质学家眼里是地壳变动的历史，在考古学家眼里是它上面的文字，在建筑工作者眼里是建筑材料……石头是固定不变的宏观事物，所有人都没有看错它，只不过由于思维习惯或个人主观限制，所以每个人都只能用他习惯的方式去理解这块石头。

眼光是看问题的习惯，除了你自己没有人能限制你的眼光。当你感觉已不满足目前的眼光时，你可以改变。比如一个考古学家兼地质学家眼中的石头，就包含了两种对石头的理解。只要你努力，你的眼光也可以得以开阔。

2. 把塞满你视野的障碍抛开

许多著名的企业，往往在一段时间后会高薪聘请"效率专家"到自己的企业，以期达到提高效率。

所谓"效率专家"其实应当是"眼光专家"，他们往往会发现一家陌生企业中可以提高效率的方式，这不能只归功于他们的专业知识，在很大程度上是因为他们以一种完全新鲜的眼光看工作的流程，而这是企业内部的人不能办到的。因为企业内部的人对一切都早已习以为常，他们的目光充满了习惯，只会对改变敏感而不会对不变敏感，而"效率专家"们则充分利用"旁观者清，当局者迷"，很快看出了需要改进的地方。

把塞满你视野的障碍抛开，你将可以看到一个新世界。

造成你目前"视力"的因素是什么？你是近视还是远视？不妨对症下药调

整你的视力。

当你只看到眼前利益，而把 5 年、10 年以后的利益置之不顾时，这是非常有害的。正是由于近视，人们大量砍伐森林，造成严重的环境污染，破坏臭氧层，20 年后空气都会成为商品绝不是个近在咫尺的笑话。

当你只看到 20 年以后的美好前景，而放弃眼前的机会时，你患了远视。远视的结果只能是志大才疏的悲剧。

3. 看看远处的风景和陷阱

美国一家高科技公司在大萧条时期为挽救公司聘请了一位经理，这位总经理走马上任以后针对市场疲软的事实，独出心裁地把一大批高薪技术开发人员解雇，由于生产成本降低，很快公司走出低谷，董事会一致认为新总经理有眼光。可是五年以后这家公司在经济恢复时期却出人意料地面临破产，原因在于那位总经理当初只顾眼前利益解雇了大批技术开发人员，造成技术开发研制在 5 年内几乎处于停顿状态，当市场需求恢复活力，人们的要求提高时，公司的产品已跟不上时代需要。

这是一个真实的事件，"近视"的危害可能在短期中不会爆发，但是一超出你当初的视野，马上就会掉进泥淖中。

给自己配副近视眼镜，从短期的范围中抬起头来，看看远处的风景和陷阱。

事实上，你的一生只能有一次，把眼光投在太远的地方，反而会被脚下的石块绊倒。

看得远才能行得直，是一种人生境界，更是一种人生智慧。只有看得远，才会不计较一时一事的得失，才会不在乎小恩小惠的诱惑。在奔赴远方那个理想的道路上，不被困难所打倒。眼光远大，行路才能正直，处事才会大气成熟，人生才不会偏离正确的方向。

创新思维，出奇制胜

如何保持思考创新，直接关系到一个年轻人的未来是"死"是"活"，因为只有创新才能"救活"自己的异常思维和才智，从而激活自己全身的能量，这就要求及时注入"创新因子"。

谁要抓住创新思想，谁就会成为赢家；谁要拒绝创新的习惯，谁就会平庸！这就是说，一个有着思考创新习惯的青年人，绝对拥有闪亮的人生！创新是一种态度，这种态度让你拥有无数的梦想，让你渴望自己的生活变得不同，鼓励你去尝试做一些事情，从而把一切变得更美妙、更有效、更方便。

有的时候，成功的要素也就是一点"不按牌理出牌"的惊奇罢了。达拉斯牛仔队的教练蓝德素以出奇制胜闻名，比赛时他晓得对手会针对标准的守备方式布局，所以他就常常更换阵容，攻他们一个措手不及。

你觉得呢？你细想清楚，如果情况许可的话，不妨变动一下成功这一条金科玉律的内容，加上一些特殊的成分，像是乐观、热心、礼貌和积极的想法。于是你的创新很可能出乎竞争对手的意料之外，让你拥有更多的胜算。

人们为了取得对尚未认识的事物的认识，总要探索前人没有运用过的思维方法，寻求没有先例的办法和措施去分析认识事物，从而获得新的认识和方法，锻炼和提高人的认识能力。

在实践过程中，运用创新性思维，提出的一个又一个新的观念，形成的一种又一种新的理论，做出的一次又一次新的发明和创造，都将不断地增加人类的知识总量，丰富人类的知识宝库，使人类去认识越来越多的事物，为人类向"自由王国"和"幸福乐园"的飞跃创造条件。

人的可贵之处在于创造性的思维。一个有所作为的人只有通过有所创造，为人类做出了自己的贡献，才体会到人生的真正价值和真正幸福。创新思维在实践中的成功，更可以使人享受到人生的最大幸福，并激励人们以更大的热情去继续从事创造性实践，为我们的事业做出更大的贡献，实现人生的更大价值。

提到创新，有些人总是觉得神秘，似乎它只有极少数人才能办到。其实，创新有大有小，内容和形式可以各不相同。创新活动已经不仅是科学家、发明家的事，它已经深入到普通人的生活中，很多人都可以进行创新性的活动，生活、工作的各个方面都可以迸发出创造的火花。人们在事业上新的追求、新的理想、新的目标会不断产生，在为新的事业创造奋斗中，实现了这些新的追求、真理、目标，就会产生新的幸福。创新是永无止境的，人类的幸福是没有终点的，人类幸福的实现是一个不断发展、不断创造的过程。

创新和幸福是什么关系？创新是力量、自由及幸福的源泉。英国著名哲学家罗素把创新看作是"快乐的生活"，是"一种根本的快乐"。

世界上因创新而获成功的人简直就是不胜枚举。

法国美容品制造师伊夫·洛列是靠经营花卉发家的，他在一次新闻发布会上感触颇深地说道："能有今天，我当然不会忘记卡耐基先生，他的课程教给了我一个司空见惯的秘诀，而这个秘诀我尽管经常与它擦肩而过，但过去却未能予以足够的重视，也没有把它当作一回事来对待。而现在我却要说，创新的确是一种美丽的奇迹。"

伊夫·洛列1960年开始生产美容品，到1985年，他已拥有960家分号，各个企业在全世界星罗棋布。

伊夫·洛列生意兴旺，财源茂盛，摘取了美容品和护肤品的桂冠。他的企业是唯一使法国最大的化妆品公司"劳雷阿尔"惶惶不可终日的竞争对手。

这一切成就，伊夫·洛列是悄无声息地取得的，在发展阶段几乎未曾引起竞争者的警觉。

他的成功有赖于他的创新精神。

　　1958 年，伊夫·洛列从一位年迈女医师那里得到了一种专治痔疮的特效药膏秘方。这个秘方令他产生了浓厚的兴趣，于是，他根据这个药方，研制出一种植物香脂，并开始挨门挨户地去推销这种产品。

　　有一天，洛列灵机一动，何不在《这儿是巴黎》杂志上刊登一则商品广告呢？如果在广告上附上邮购优惠单，说不定能有效地促销产品。

　　这一大胆尝试让洛列获得了意想不到的成功，当他的朋友还在为巨额广告投资惴惴不安时，他的产品却开始在巴黎畅销起来，原以为会泥牛入海的广告费用与其获得利润相比，显得轻如鸿毛。

　　当时，人们认为用植物和花卉制造的美容品毫无前途，几乎没有人愿意在这方面投入资金，而洛列去反其道而行之，对此产生了一种奇特的迷恋之情。1960 年，洛列开始小批量地生产美容霜，他独创的邮购销售方式又让他获得了巨大的成功。在极短的时间内，洛列通过这种销售方式，顺利地推销出 70 多万瓶美容品。

　　如果说用植物制造美容品是洛列的一种尝试，那么，采用邮购的销售方式，则是他的一种创举。

　　时至今日，邮购商品已不足为奇了，但在当时，这却是行之所未行。

　　1969 年，洛列创办了他的第一家工厂，并在巴黎的奥斯曼大街开设了他的第一家商店，开始大量生产和销售美容品。

　　伊夫·洛列对他的职员说："我们的每一位女顾客都是王后，她们应该获得像王后那样的服务。"

　　为了达到这个宗旨，他打破销售学的一切常规，采用了邮售化妆品的方式。

　　公司收到邮购单后，几天之内即把商品邮给买主，同时赠送一件礼品和一封建议信，并附带制造商和蔼可亲的笑容。

　　邮购几乎占了洛列全部营业额的 50%。

　　洛列式邮购手续简单，顾客只需寄上地址便可加入"洛列美容俱乐部"，并很快收到样品、价格表和使用说明书。

　　这种经营方式对那些工作繁忙或离商业区较远的妇女来说无疑是非常理想

的。如今，通过邮购方式从洛列俱乐部获取口红、描眉膏、唇膏、洗澡香波和美容护肤霜的妇女已达 6 亿人次。

这种优质服务给公司带来了丰硕成果。公司每年寄出邮包达 900 万件，相当于每天 3 至 5 万件。1985 年，公司的销售额和利润增长了 30%，营业额超过了 25 亿，国外的销售额超过了法国境内的销售额。

如今，伊夫·洛列已经拥有 400 余种美容系列产品和 800 万名忠实的女顾客。

伊夫·洛列经过辛勤的劳动和艰苦的思考，找到了走向成功的突破口和契机。化妆品市场竞争的激烈程度令人触目惊心，如果亦步亦趋，墨守成规，那肯定只能成为落伍者。

伊夫·洛列设计出与强大的竞争对手完全不同的产品——植物花卉美容品，使化妆用品低档化、大众化，满足众多新、老顾客的需要，所以他把竞争对手远远地抛在了后面。

洛列力求同中求异，别出机杼，另寻蹊径，打破传统的销售方式，采用全新的销售方式——邮售，赢得了为数众多的固定顾客，从而为不断扩大生产打下了坚实的基础。

洛列的经历正好证实了金克拉的话："如果你想迅速致富，那么你最好去找一条终南捷径，不要在摩肩接踵的人流中去拥挤。"

"我的成功秘诀很简单，那就是永远做一个不向现实妥协的叛逆者。"

创新并不是高不可攀的事，每个人都有某种创新的能力。创新能力，是每个正常人所具有的自然属性与内在潜能，普通人与天才之间并无不可逾越的鸿沟，惠能和尚说："下下人有上上智。"创新能力与其他能力一样，是可以通过教育、训练而激发出来并在实践中不断得到提高发展的。它是人类共有的可开发的财富，是取之不竭用之不尽的"能源"。

让思维转个身

　　人若形成固定思维，就很难从死胡同里钻出来。其实，在"山重水复疑无路"的时候，你倒过来想一想、试一试，让思维转过身来，或许会给你带来"又一村"。

　　人们已习惯了正常的思维方式，即使没有什么成效仍很难改变。这时候，逆向思维能给人以新的思路，逆向而往，走一着险棋往往可以带来与众不同的胜局。

　　德国奔驰汽车公司的成功经验同样如此，也是采取了逆向思维的办法。他走出的险棋是：在巴黎举办汽车赛。

　　20 世纪最后 20 年，日美汽车大量侵入西欧，几乎把欧洲的汽车工业挤到了灭亡的边缘。像以"车到山前必有路，有路就有丰田车"著称的丰田汽车公司，以其优质低价的汽车而风靡全球。这一次车赛很明显，如果奔驰失败，那就很难想象会有人愿意花买两辆丰田车的价钱去买一辆笨手笨脚的奔驰车了——尽管奔驰车的质量无与伦比，尽管奔驰车耐用又舒适豪华，这一次一旦失败，奔驰车将毫无疑问地被挤出强者的行列。

　　5 月的巴黎气候宜人，第 18 届世界汽车大赛就在这里举行。赛场上，依次排列着十几辆世界级品牌的高级汽车，奔驰车以其豪华的造型位居其列。比赛开始了，奔驰公司的总裁埃沙德·路透一眼不眨地盯着大屏幕，注视着一路烟尘而去的小汽车。

　　毕竟都是世界名牌，无论是日本的丰田、本田，还是美国的雪佛莱、野马，谁也没有占到丝毫优势。奔驰车夹在日美汽车中间，速度上是丝毫不逊色，然而它也仅能与之并驾齐驱，看不出有什么优势。

路透的心简直提到嗓子眼了，周围的几个助手大气都不敢出一声，一起注视着赛场上奔驰的命运。赛程过半的时候，路透轻轻吁了一口气，因为奔驰已显现出了一点微弱的优势。很快，各型汽车都将车速提到最高的限度，开始了最后的冲刺……

随着一阵欢呼，路透终于揉了揉眼睛，脸上露出了自信的笑容。奔驰车赢了，超过了它所有的竞争对手。这一胜利，不仅保住了欧洲汽车工业的一席之地，而且更加稳固了奔驰汽车在世界汽车工业中的地位。

其实早在十年之前乃至更久以前，奔驰汽车就以其雄厚的实力而雄踞于世界汽车制造业前列：世界上最早的一辆汽车就叫奔驰，而奔驰公司的创始人卡尔·本茨和哥特里普·戴姆勒正是汽车的缔造者。只是到了埃沙德·路透的时候，这个满怀雄心壮志的德国人，决定要采取另一种竞争方式来稳固奔驰的地位。

"奔驰车将以两倍于其他汽车的价格出售"，这话说起来就像唱山歌一样动听，做起来难度之大可想而知，然而路透似乎早已下定了决心，他知道如果不设法提高奔驰车的质量，在以后越来越激烈的竞争中势必适应不了风云变幻的市场变化，靠老牌子吃饭是支持不了多久的，他感到自己有责任为奔驰开辟新的发展道路。

为了激励全体员工来共同实现新的目标，路透感觉到有必要亲自到车间和试验场去身体力行一番。他当然知道这逆道而行的一步如果成功将给奔驰公司带来多么高的荣誉，但他更清楚这一步一旦失足会有多么大的损失。他必须鼓起所有的士气走好这一步险棋。

路透和他所率领的公司是永远都不愿充当像恐龙那样不适应变化的角色的。在奔驰 600 型高级轿车问世之前，路透便对他的技术专家们说："我最近想出了一则很优秀的汽车广告，当然是为咱们奔驰想的。这则广告是：'当这种奔驰轿车行驶的时候，最大的噪音来自于车内的电子钟。'我准备把这种奔驰车定价为 17 万马克。"专家们当然明白总裁的意思，却仍不免大吃一惊：17 万马克，买普通轿车要买好多辆！

也许是总裁的表现感动了那帮专家，他们废寝忘食地工作，以惊人的速度把成功的新型优质奔驰轿车——梅塞德斯献给了埃沙德·路透。路透从病床上爬起来后的第一道命令便是宣布将奔驰 600 的价格提高一倍。这个命令不仅让整个德国震惊，更是让全世界的汽车工业惊惶不已。

路透的愿望还是很快变成了现实，闻名世界的高级豪华型轿车奔驰 600 问世了，它成了奔驰轿车家族中最高级的车型，其内部的豪华装饰，外部的美观造型，无与伦比的质量都令人叹为观止。很快，各国的政府首脑、王公贵族以及知名人士都竞相挑选奔驰 600 作为自己的交通工具，因为，拥有奔驰，不仅仅是财富的象征。

现在，奔驰汽车公司已是德国汽车制造业最大的垄断组织，也是世界商用汽车的最大跨国制造企业之一，奔驰汽车以优质高价著称于世历时百年而不衰。

当其他企业大多从降低成本、降低自己商品的价格来达到增强竞争能力的目的时，而奔驰公司则反其道而行却大获成功，这不能不给人某种启示：当很多人在往同一条路上挤的时候，只要你拥有足够的实力和信心，另谋道路而取之，也许会达到殊途同归的目的，只不过你看起来是要轻松得多罢了。

逆向思维的创新简单而又奇妙。可在生活中许多人想不到，原因就是受习惯思维的束缚，窒息了创造力。解决难题的办法，有时候就像瓶底的水，当你喝不到够不着的时候，只要倒过来就能喝上了。

我们天天在说解放思想，殊不知，束缚我们思想的往往就是那些传统的思想观念和因循守旧的做法。当我们遇到困难一筹莫展，用常规的方法难以解决的时候，不妨让思维转个身——倒过来试试，也许能得到意想不到的结果。

在加拿大有一个小渔村，这个很普通的小渔村，处在一个富饶而优美的海湾边上。小渔村里的渔民们世世代代都是以捕鱼为生。他们靠出海捕得金鳞，然后再将捕到的金鳞卖出，用这种方式换最生活所需。他们一直以来生活悠闲，乐在其中。

因为海湾的特殊位置，巨鲸常常在这里出没。它们在这里捕食安息，嬉戏游弋。它们呼吸时喷射的水柱时高时低，此起彼伏，十分壮观。但是渔民们因为每天都见到，所以也就熟视无睹了。

一天，一个美国游客偶然经过这里，看到了群鲸喷水的壮丽景观，不禁赞叹不已。他停下车，走到海边，大饱眼福，可仍感到不满足，很想到海上去近距离地观赏、拍照。他找到一位渔民，与其商量：雇其渔船，乘船到海上去继续观赏、拍照群鲸。

这位渔民感到很纳闷，心里想，这不是很平常的景色吗？有什么好看的呢？不大愿意为他出海。这个美国游客再三请求其帮忙，并且表示愿意多付船钱，这位渔民终于同意。游客尽情地观赏、拍照了群鲸捕食安息，嬉戏游弋的情景。

美国游客走了之后，这位渔民突然产生了灵感：只是开船带游客到海上转一转，就得了这么多的钱，这可比捕鱼卖钱来得快多了，人也舒服多了。如果能吸引更多的外地游客来观赏群鲸，赚的钱不是更多更快更容易吗？

于是，这位渔民与城里的宾馆、饭店和旅行社联系合作，请他们介绍客人，到他们那里去观赏海湾中的群鲸。

真是心想事成。这位渔民很快就发家致富了，渔船换成了豪华游轮，进而创办了一家旅游公司。同村的渔民，群起效仿，都从载客游海观赏群鲸中获取了可观的报酬。

从那以后，群鲸吸引了越来越多的游客。没过几年，这个渔村渔民的收入大增，迅速进入了现代化渔村的行列。渔民们深深地感到，重复旧生活是衰落的标志，创造新生活是振兴的开始，即使是最熟悉的地方，也可能有最新奇的景观。

只要换一个视角看，过去最平常的渔村和海湾，如今变成了有最新奇景观的旅游胜地。可见，处处是创新之地，天天是创新之时，人人是创新之人。

激发你的创造力

每个人都有令自己意想不到的创造力！但是很多时候我们似乎就是没法将其完全释放出来。可能你绞尽脑汁也想不出什么好主意来。你应该如何激发自己的创造力来呢？这里给你 7 个小建议：

1. 不要冥思苦想

发挥创造力并不需要用的左脑的分析功能，它蔑视逻辑、挑战常理。集中精神钻心研究并不能唤醒你的创造力。在投身你的工作时，放松一下你左脑的逻辑推理，哪怕只要那么一小会儿可能你就会有一个好创意。

2. 换一个工作地点

离开你的工作桌到一个让你觉得放松的地方。我个人比较喜欢在一个阳光充足的地方，找一张舒服的椅子，然后坐那儿享受一小会儿。当我开始写东西的时候，这些问题常会帮助我：

"是什么东西启发了我？"

"我在我的作品里要启示别人什么？"

此时我会放松自己，自然地深呼吸。

3. 写意识流

完全甩开理性分析、客观判断、语法结构等等，只是写下任何想到的东西，将你的思想全部顷泄到一张纸上。

4. 做一张思维地图

这是一种很有创造性的游戏，写下一个想法然后由其延伸到下几个想法，然后再各自延伸开去。这是一个很有意思的游戏，让你的左右脑一起参加了运动。

5. 静思

深呼吸，释放所有压力，然后开始静静地思考。深呼吸可以使精神和身体同时得到放松。放弃理性思维，右脑在你停止逻辑思维时会高效地工作。

6. 跳进去，看看它将前去何方

你无法总是为你的作品做出一个合情合理的结尾。有时你得跳进你的作品，看看它将向什么方向发展。

我有时会打碎一些陶器，然后观察它的碎片会四散撒在什么地方。在做陶盘、陶罐或花瓶时，不到最后一刻我都不知道它到底是什么样的。

7. 断离

放下手中的工作，和你的孩子一起玩会儿玩具、自己静静地散会儿步、换种心情工作。使自己焕然一新，你的思维和精神非常需要你这么做。

用创新思维激活你自己

如何保持思考创新，直接关系到一个年轻人的未来是"死"是"活"，因为只有创新才能"救活"自己的异常思维和才智，从而激活自己全身的能量。

对大多数人来说，创新、创造仍是陌生而神秘的，似乎它只是少数天才的专利。熊彼得先生在给学生上课的时候，就曾经责怪爱因斯坦创造了天才的物理学理论，但没有给后人留下他如何思考问题的方法，因而后人很难向他学习。其实，创造有大有小，内容和形式也可以各不相同。

特别是在今日的世界，创造活动已经不仅是科学家、发明家在实验室里的工作，它已经深入到普通人的生活、工作、学习之中，已经是人人都可以进行的社会实践活动，任何人在生活、工作的各个方面随时随地都可能迸发出创造的火花。

在一个世界级的牙膏公司里，总裁目光炯炯地盯着会议桌边所有的业务主管。

为了使目前已近饱和的牙膏销售量能够再加速成长，总裁不惜重金悬赏，只要能提出足以令销售量增长的具体方案，该名业务主管便可获得高达 10 万美元的奖金。

所有业务主管无不绞尽脑汁，在会议桌上提出各式各样的点子，诸如加强广告、更改包装、铺设更多销售据点，甚至于攻击对手等等，几乎到了无所不用的地步。而这些陆续提出来的方案，显然不为总裁所欣赏和采纳。所以总裁冷峻的目光，仍是紧紧盯着与会的业务主管，使得每个人皆觉得自己犹如热锅上的蚂蚁一般。

在凝重的会议气氛当中，一位进到会议室为众人加咖啡的新加盟公司的小姐，无意间听到讨论的议题，不由得放下手中的咖啡壶，在大伙儿沉思更佳方案的肃穆中，怯生生地问道："我可以提出我的看法吗？"总裁瞪了她一眼，没好气地道："可以，不过你得保证你所说的，能令我产生兴趣。"

这位女孩笑了笑说："我想，每个人在清晨赶着上班时，匆忙挤出的牙膏，长度早已固定成为习惯。所以，只要我们将牙膏管的出口加大一点，大约比原口径多40%，挤出来的牙膏重量就多了一倍。这样，原来每个月用一条牙膏的家庭，是不是可能会多用一条牙膏呢？诸位不妨算算看。"总裁细想了一会儿，率先鼓掌，会议室中立刻响起一片喝彩声，那位小姐也因此而获得了奖赏。许多员工由于害怕承担责任，在工作中一味地墨守成规，惧怕改变，不愿意尝试用新的方法做事。

创新并不是高不可攀的事，每个人都有某种创新的能力。创新能力，是每个正常人所具有的自然属性与内在潜能，普通人与天才之间并无不可逾越的鸿沟，惠能和尚说："下下人有上上智。"创新能力与其他能力一样，是可以通过教育、训练而激发出来并在实践中不断得到提高发展的。它是人类共有的可开发的财富，是取之不竭用之不尽的"能源"。

如何保持思考创新，直接关系到一个年轻人的未来是"死"是"活"，因为只有创新才能"救活"自己的异常思维和才智，从而激活自己全身的能量，这就要求及时注入"创新因子"。

谁要抓住创新思想，谁就会成为赢家；谁要拒绝创新的习惯，谁就会平庸！这就是说，一个有着思考创新习惯的青年人，绝对拥有闪亮的人生！创新是一种态度，这种态度让你拥有无数的梦想，让你渴望自己的生活变得不同，鼓励你去尝试做一些事情，从而把一切变得更美妙、更有效、更方便。